国家职业技能等级认定培训教材——合编版

烹饪基础知识

人力资源社会保障部教材办公室　组织编写

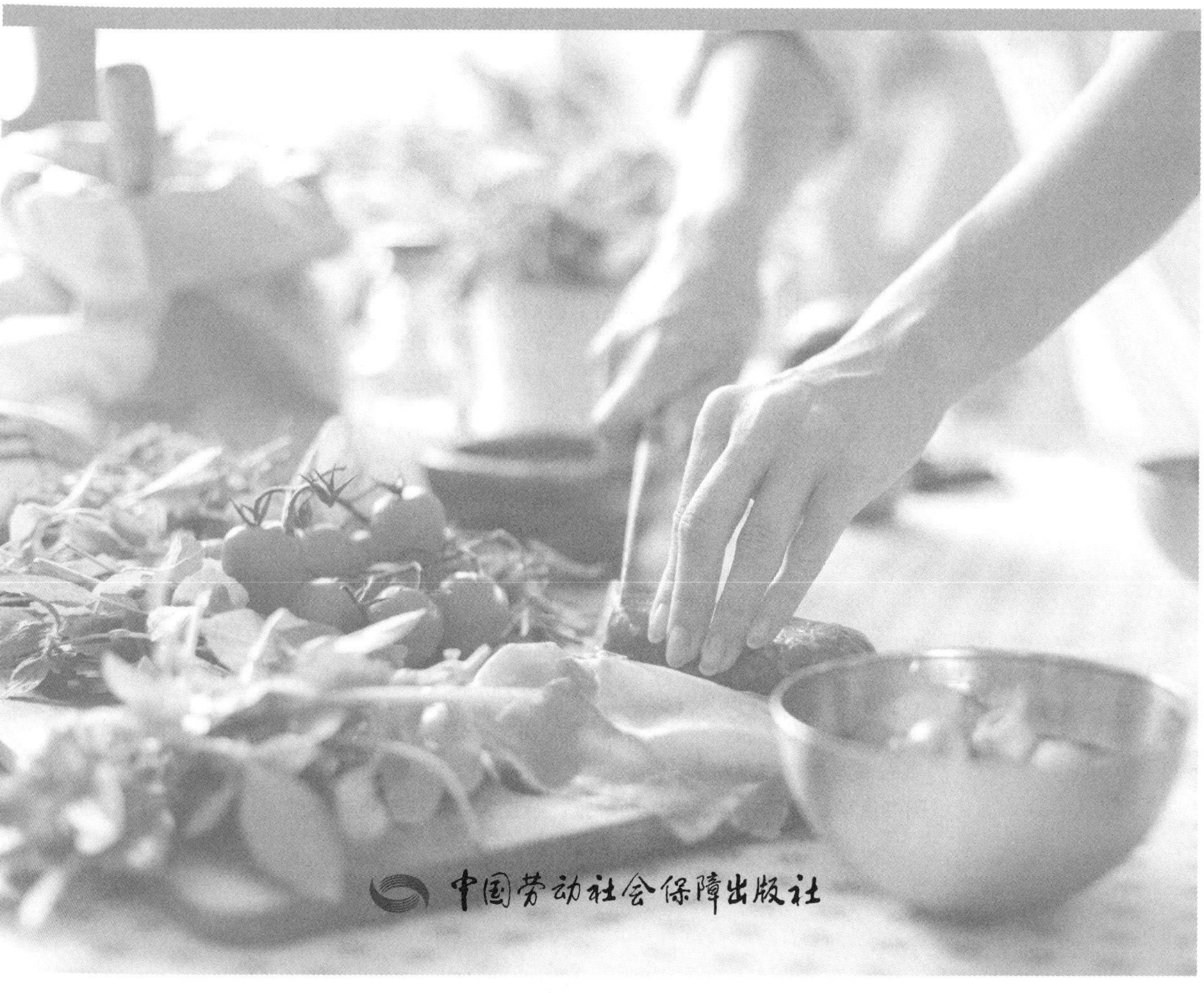

中国劳动社会保障出版社

图书在版编目(CIP)数据

烹饪基础知识 / 人力资源社会保障部教材办公室组织编写. -- 北京：中国劳动社会保障出版社，2020

国家职业技能等级认定培训教材：合编版

ISBN 978-7-5167-4604-2

Ⅰ.①烹… Ⅱ.①人… Ⅲ.①烹饪－职业技能－鉴定－教材 Ⅳ.①TS972.11

中国版本图书馆 CIP 数据核字（2020）第 154840 号

中国劳动社会保障出版社出版发行

（北京市惠新东街 1 号　邮政编码：100029）

*

北京市艺辉印刷有限公司印刷装订　新华书店经销

787 毫米 ×1092 毫米　16 开本　9.25 印张　166 千字

2020 年 10 月第 1 版　2025 年 4 月第 6 次印刷

定价：19.00 元

营销中心电话：400-606-6496

出版社网址：http://www.class.com.cn

前　言

为贯彻落实中共中央、国务院《关于分类推进人才评价机制改革的指导意见》精神，推动烹调师、面点师职业培训和职业技能等级认定工作的开展，在烹饪专业从业人员中推行职业技能等级制度，推进实施职业技能提升行动，人力资源社会保障部教材办公室组织有关专家对原烹调师、面点师国家职业资格培训教程进行了优化升级，组织编写了国家职业技能等级认定培训教材——合编版。

本套教材依据相关《国家职业技能标准》(以下简称《标准》)，结合岗位工作实际编写，内容上体现“以职业活动为导向、以职业能力为核心”的指导思想，突出职业技能等级认定培训特色；结构上针对烹调师、面点师职业活动领域，按照职业功能模块分级别编写。针对《标准》中的“基本要求”，还专门编写了中式烹调师、中式面点师、西式烹调师、西式面点师 4 个职业各个级别共用的《烹饪基础知识》，包括职业道德、饮食卫生、饮食营养、成本核算、厨房安全生产等方面的内容。

本书是国家职业技能等级认定培训教材——合编版中的一种，适用于中式烹调师、中式面点师、西式烹调师、西式面点师 4 个职业各个级别基础知识的培训，是国家职业技能等级认定培训推荐用书。

本书由刘国云、王美萍、刘总路、朱锡彭编写，刘国云主编统稿，吴美云、王雪审稿。由于时间仓促，不足之处在所难免，欢迎提出宝贵意见和建议。

人力资源社会保障部教材办公室

目　录

第一章

职业道德

一、道德

道德是构成人类文明，特别是精神文明的重要内容。通常讲的道德是指人们在一定的社会里，用以衡量、评价一个人思想、品质和言行的标准。它的确切含义是指：人类社会生活中依据社会舆论、传统习惯和内心信念，以善恶评价为标准的意识、规范、行为和活动的总和。

道德的定义说明，道德是以善恶为标准，调节个人与个人之间、个人与社会之间关系的行为规范，它总是扬善抑恶的。从道德的定义中还可以看出，道德的特性是依据社会舆论、传统文化和生活习惯来判断一个人的道德品质，它不是由专门机构制定、专门机构执行的规范，而主要是依靠人们的内心信念自觉维持的。

道德一词，由来已久。我国古代的著作中很早就出现了“道德”这个词。“道”表示事物运动变化的规则。“德”表示对“道”认识之后，按照它的规则，把人和人之间的关系处理妥当。千百年来，人们就一直重视道德的问题。

人们之所以重视道德，是因为“人”具有社会性，人都是社会的人，离开社会个人就无法生存。人一出生，便生活在家庭和社会里，和他人发生这种或那种联系。在家里要处理好与父母、兄弟姐妹及夫妻的关系；在学校要处理好与老师、同学、校工的关系；在工作中要处理好与领导、同事、客户的关系；在社会上要处理好与朋友、亲戚、集体、国家、民族等的关系。处理好这些关系，就能给自己和别人带来欢乐和幸福；处理不好就会带来烦恼和痛苦。在处理这些关系的时候，除依据道德规范外，还有法律、政策和规章制度等规范。前者靠人们加强道德修养，靠内心信念来自觉维持；后者则由国家制定，凭借的是强制的力量。但无论是法律、政策，还是规章制度，

都不可能调整所有社会生活中的关系。也就是说，有些大家公认的不道德言行，或者有悖于传统习惯和公众舆论的言行，不可能全部用法律、政策、规章制度来处理。法律、政策、规章制度的作用范围是有限的，而道德规范则能起到基础性的调整作用，从这个意义上说，道德几乎无时不在、无处不在，并长期起作用。例如，一个讲道德的人背着别人做了不道德的事情，从心理上就有内疚的压力，这就是道德作用的表现。现实生活中，人们总是在自觉或不自觉的情况下，遵守或者违反道德准则。因此，每一个人都要不断学习并加强道德修养。

道德是规范人们思想行为的。那么道德是怎样调节人们之间的关系的呢？它的核心是利益。主要表现在获取个人利益的时候，是否考虑他人、集体和社会的利益，有了这个标准，就可以衡量或评价一个人做一件事是否符合道德原则。每时、每事都首先维护他人、集体、社会利益，不苛求个人利益，甚至可以牺牲个人利益，是一种高尚的道德行为。如果做不到这一点，至少也要做到不损害他人、集体和社会的利益，这是对公民的最基本的道德要求。

人类活动具有社会性，可划分为三类，即社会生活、家庭婚姻生活和职业生活。因此也相应产生了社会公德、家庭婚姻道德、职业道德。这三种道德不可分割，构成社会的全部道德内容。当然，不同的社会存在着不同的道德标准，为不同的社会经济基础服务。在社会主义社会里，道德建设的基本要求是：爱国、敬业、诚信、友善。

社会主义较之前的各个社会形态有不同的特点，开创了人与人之间一种新型的关系。因此，社会主义道德建设应遵循为人民服务这一基本原则来进行。在社会主义道德建设过程中，不能忽视中华民族数千年来的丰富、宝贵的道德遗产。道德在历史发展过程中，具有共同性和历史继承性。在每一个历史时期，人与人之间的道德关系，不仅是在当时历史条件下形成的特定的关系，而且也包含着每个时代共同存在的一般关系。例如社会公德中谴责和制止偷盗、抢劫；家庭婚姻道德中要求孝敬父母，兄弟和睦，夫妻恩爱；职业道德中要求公平交易、货真价实、礼貌文明服务等。这些是任何一种社会形态中都要求人们必须遵守的道德规范。随着时代发展和社会进步，这些道德规范在继承的基础上也有了进一步的发展和完善，并得以充实和提高。在社会主义道德建设过程中，尤其要继承先辈留下的优良道德传统，并根据社会进步的需要，补充新的内容，从而促进社会健康、和谐地发展。

道德不是虚幻的，而是实实在在地伴随着人的一生，并贯穿于每个人的言行之中。在个人与社会和他人发生关系的过程中，如何处理各种利益关系，时刻都检验着人们的道德水准；检验着人们是否履行了应尽的道德责任和道德义务；检验着人们对社会、对集体、对他人、对工作、对家庭、对金钱和物质利益的态度。同时，每一个人也是道德法庭的审判者。例如，在评价别人所做的某一件事情时或对报刊上发表的某一社会新闻发表看法时，就常常说“真不容易”“真不简单”“太棒了”，或者说“差点意思”“不地道”“太缺德”等，这都是用自己心目中的是与非、美与丑、善与恶、高尚与卑下、光荣与耻辱的标准来进行判断。

人们（当然还包括新闻媒介）对某人某事的评论，就是社会舆论。社会舆论判断善恶的依据是传统文化形成的善恶观，也包含着社会进步之后形成的新的善恶观念。例如，不讲道德的欺诈行为、不孝敬父母的行为，在中国数千年的传统文化和传统生活习惯中都被认为是不道德的。又如，在发展社会主义市场经济过程中产生的竞争现象，过去曾受到批判，那时人们认为“大鱼吃小鱼，小鱼吃虾米”是不道德的，而现在则认为竞争、兼并是发展市场经济的必然现象，是实现资产优化组合、促进社会进步的符合社会主义市场经济道德的行为。

二、各行业的职业道德

职业道德是人们在特定的职业活动中所应遵循的行为规范的总和。职业道德是整个社会道德体系的重要组成部分。在社会主义社会，职业道德是社会主义道德原则在职业生活和职业关系中的具体体现。

随着人类进步和社会发展，社会分工越来越精细。社会上分化出众多的行业，同时也产生了不同行业的道德规范。各行业的职业道德规范，体现了本行业特殊的、调节人们利益关系的要求。如教师的“为人师表”、医生的“救死扶伤”、公务员的“公正廉洁”、商业从业人员的“货真价实，公平交易”等，都是行业职业道德的具体要求。职业道德不仅调节本行业与其他社会行业和顾客之间的关系，也调节行业内部人员之间的利益关系。在社会主义社会里，每一个行业都是为人民服务的行业，因此又都要遵循为人民服务的宗旨；要体现社会主义核心价值观的基本要求，弘扬爱国主义、集体主义、社会主义精神；同时从业人员要掌握各自行业的新技术，具有忠于职守、爱岗敬业的精神。

在社会主义道德建设中，特别要强调加强职业道德建设，原因如下。

第一，职业道德覆盖面广，影响力大，对人的道德素质起决定性作用。

职业道德在范围上覆盖所有从事职业活动的人。任何人到了一定的年龄，都要就业工作，而工作的行业又多种多样，这就决定了职业道德具有广泛性、多样性、实践性、具体性的特点。因此，职业道德的教育和建设是整个社会的系统工程。

人的一生中绝大部分时间从事着职业活动，而道德品质主要是在走向社会、从事职业之后，在职业活动实践中成熟和发展起来的。因此，职业道德教育几乎是一种“终身教育”。在这个过程中，不仅要继承世代相传的优良职业传统，又要随着时代发展不断地充实新的内容，最终形成个人稳定的职业心理、职业习惯。

第二，职业道德与社会生活关系最密切，关系到社会稳定和人际关系的和谐，对社会精神文明建设有极大的促进作用。

凡生活在社会中的人，不可能不与社会和他人接触，其中接触最频繁的就是与社会上的各种职业活动打交道。人们的衣食住行无一不与有关职业接触。走出家门，就会看到保洁人员打扫的路面；坐车时会接受司售人员的服务；购物也会遇到商品质量、购物环境、劳务服务等问题。这些都涉及各行各业的职业道德。

职业道德具有感染性。某一种职业活动或职业道德可以通过各种途径传递到另一个或多个职业中去，引起多种多样的连锁反应，甚至会给整个社会带来影响。例如坐公共汽车遇到司售人员的恶劣服务，被服务的人会很不愉快，在自己的职业活动中，就可能把坐公共汽车时受到的“气”设法发泄出去。如果被服务的人是服务员，就可能把“气”撒到顾客身上。如此恶性循环，会影响整个社会风气。因此要加强职业道德建设，反对和纠正带有行业特点的不正之风。对于服务行业从业人员来说，要树立人人都是服务对象、人人都为他人服务的思想，努力提高服务质量，改善服务态度。提高服务质量的核心是加强职业道德建设，只有从业人员具备良好的职业道德，才可能有持久的、良好的服务质量。

第三，加强社会主义职业道德建设，可以促进社会主义市场经济良性发展。

发展社会主义市场经济的目的在于最大限度地满足人民日益增长的美好生活需要。市场竞争机制要求有高质量的产品和优良的服务，并接受市场检验。只有那些提供高质量服务的企业，才能脱颖而出，成为有竞争力的企业。高质量的服务源于高素质的职工队伍，源于这个队伍良好的技术业务素质和良好的职业道德。职业道德的核心是为人民服务，具体到一个行业，就是要创造出顾客信得过的产品和满意的服务。要实现高质量服务，只能依靠职工努力做好各自的岗位工作，又发挥团结协作的团队精神。这些正是职业道德的要求，因此，社会主义市场经济的发展，有力地促进了职业道德建设的进一步发展；反之亦然。

社会主义市场经济呼唤职业道德，职业道德也需要市场经济的舞台，两者的目标完全一致。从根本上说，加强职业道德建设是发展市场经济的内在客观要求。职业道德建设不好，市场经济的发展就会受到影响。

第四，良好的职业道德可以创造良好的经济效益，有力地保障个人的合法利益。

道德的基础是利益。职业道德在调节人们利益的过程中，并不排斥个人合法利益的获取。中国传统道德也不排斥个人合法利益。“君子爱财，取之有道”说的就是这个道理。所谓“取之有道”就是首先要付出，才能有回报。过去和现在都是一样，个人利益的获取要建立在首先为他人和社会服务的基础之上。目前流行“顾客是企业衣食父母”的说法就是这个含义。如果一个企业在经营指导思想上不是首先想着为顾客服务，缺乏良好职业道德，投机取巧，坑害顾客，可以肯定这样的企业在公众心目中不会有良好的形象，顾客避之不及，企业自然不可能长久地创造效益。从这个意义上讲，良好的职业道德能产生良好的经济效益。

三、烹饪从业人员的职业道德

烹饪从业人员的职业道德包含以下五方面的内容。

1. 忠于职守，爱岗敬业，艰苦奋斗，勤俭创业

忠于职守，就是要把自己职责范围内的事做好，合乎质量标准和规范要求，能够完成应承担的任务。尽职尽责的关键是“尽”。尽就是要用最大的努力，克服困难，履行职责。尽职尽责和忠于职守的反面，就是玩忽职守，即不把工作当回事，不把责任放在心上，工作马马虎虎，凑合应付，不专注；或者干脆消极怠工，偷懒耍滑，不遵守纪律。显然玩忽职守的人不热爱自己的工作岗位，缺乏对人民、国家、集体、他人的负责精神，必然造成工作损失和对他人利益的损害。

爱岗敬业、忠于职守绝不是口号，而是有着实在内容的行为规范，如发扬艰苦奋斗和勤俭办事的精神，就体现了主人翁的态度。有人认为自己不过是打工者，企业财产也不属于自己所有，就大手大脚浪费原材料，随便扔掉边角余料，甚至火不旺时就往火上浇炒菜用油，浪费严重。这不仅直接损害了国家、集体的利益，而且由于浪费增加了成本，也给消费者带来损害。

职业道德塑造要从忠于职守、爱岗敬业开始，把自己的心血全部用到自己从事的职业中去，把自己的职业当作自己生命的一部分。“干一行爱一行”这是职业道德最起码的要求。目前我国烹饪领域的高级技师、烹调大师中相当一部人是从学徒开始自己烹饪生涯的，如果他们不爱岗敬业、精益求精，就不会成为受人尊敬的大师。在我国，厨师职业享受着与其他职业平等的待遇，社会地位越来越高，不少有成就的烹饪工作者还获得了国家级别的荣誉。

在人民生活水平日益提高的今天，烹饪是社会中不可缺少的行业，在改善生活质量方面发挥着不可替代的作用。烹饪从业人员发扬忠于职守、爱岗敬业的崇高精神，

就能为人民生活增添幸福，为社会发展作出贡献。

2. 公平交易，货真价实，讲究质量，注重信誉

职业不仅是一个人安身立命的基础，也是为国家、集体、他人谋利益、做贡献的基本途径。因此精通本职业的业务，是做好本职工作的关键，也是衡量一个人为国家、集体和他人做多大贡献的一个重要尺度，更应成为烹饪从业人员职业道德的一项重要内容。

烹饪从业人员烹制的菜点，其质量的好坏，决定着企业的效益和信誉。

餐饮业烹制菜点的目的是为了卖给顾客。因此菜点就具有商品的特点，和其他一切商品一样，具有使用价值和价值的二重性。作为商品的生产企业，生产者和经营者有着自己的独立利益，这种利益得到尊重，才能调动商品生产者的积极性。然而要求人们尊重商品生产者和经营者的利益，并非是指商品经营者想怎么干就怎么干，其必须依法经营。越是有独立的利益，就越是要正确处理国家、企业、职工、他人（消费者）的利益关系。这种利益调整是通过买与卖的交易形式实现的。也就是说，具有商品属性的菜点，只有能够卖得出去，才能是商品，才能实现价值。而商品的买与卖，是按照商品价值规律的等价交换原则进行的。一种商品在市场上与另一种商品交换，实质上是这种商品与另一种商品劳动时间的交换。顾客到餐馆为要的菜点付费，就是餐馆工作人员的劳动所转化的价值与顾客在其他行业劳动所得的价值的交换。两者必须是相等的，因此，货真价实就成为职业道德重要的组成部分。而以次充好、粗制滥造、定价不合理等，实际上就是无偿占有别人的劳动成果，是不道德的。

一分价钱一分质量，这是自古以来商业领域的职业道德。然而在这方面有些餐馆做得不是很好。菜点质量问题较多，偷工减料、以次充好时有发生，这是严重的欺骗行为，也是不遵守行业职业道德的表现。

讲究质量并不是在任何情况下都要求必须是绝对高的质量。在商品经济条件下，衡量质量的尺度之一是价格，比如花很少的钱，要求吃山珍海味或特色菜品，是不可能的，因为这不符合等价交换原则。但是有一点是肯定的，就是按照餐馆菜点价目表上规定的价格付款，就必须得到相应质量的菜品。违背这一原则，就是违反了职业道德，企业的信誉就肯定会受到影响。因此，道德调整人们利益关系的意义就在于餐饮企业确实为顾客着想和服务了，才有自己的利益。损害了顾客利益，也就丧失了自己的利益。

3. 尊师爱徒，团结协作，互敬互学，共同提高

职业道德既可以调节个人与国家、集体、他人的利益关系，也可以调节行业和企业内部人与人之间的关系，它要求以集体主义精神为指导进行行业和企业内部的团结协作，并以此建立社会主义新型的人际关系。

中国烹饪文化源远流长，世代相传，在世界上享有崇高美誉。这是历代厨师辛勤劳动和创造性劳动的结果。一代一代的厨师，通过师徒传艺的形式，使很多烹饪方法、技艺得以继承和发展。随着时代的进步，传艺的手段有了多种变化，但不管形式如何变化，餐饮行业技能大师仍然发挥着至关重要的作用。因此尊师爱徒，是烹饪行业的传统职业道德，必须继承和发扬。

餐饮行业技能大师是国家和社会的宝贵财富，他们具有高尚的品德，又有高超手艺和绝活儿，在长期实践中积累了丰富经验，为烹饪事业的发展做出了很大贡献，理应受到尊重和爱戴。青年厨师都具有一定的学历，有较强的学习能力，是中国烹饪未来的希望。在知识经济时代，知识更新速度越来越快，新的烹饪原料、工艺不断涌现。为使中国烹饪更多地迈向世界，中国烹饪中的一些薄弱环节如食品营养学的研究等，急需加强和改进。因此，在尊师爱徒的前提下，互相学习是时代的要求。

团结协作还表现在工作中的相互支持与配合上。厨房内部有不同的分工，上一道工序要为下一道工序做准备，为下一道工序提供方便。只有相互配合和协作，才能完成任务。如果每个人只图自己省事，只顾自己方便，就很难通力合作，菜点质量就无法保证。

为对方着想、相互配合，还包括互敬互学、共同提高。在现代企业中，不是一个岗位做好了，就能达到规范标准。只有每一个岗位都按标准执行，才能保证产品和服务质量。因此，团结协作是一种团队精神，是社会主义集体主义的具体体现，是职业道德的重要内容。

4. 积极进取，开拓创新，重视知识，敢于竞争

人类社会是依靠一代代先进分子的进取和创新精神，才不断向前发展的。凡是推动历史前进的进取、创新，都是良好的道德行为。

建设中国特色社会主义是前所未有的伟大而艰巨的事业。摒弃僵化、因循守旧的思想作风，树立勇于开拓创新和敢于竞争的精神，是历史赋予我们的任务之一。餐饮业在很多方面都需要这种可以推进行业发展的宝贵精神。

开拓创新依赖于知识和人才，依赖于积极参与市场竞争的实践。竞争是在利益驱动下，为扩大市场占有率，强化企业经营能力的行为。正是竞争，推动了开拓和创新，调动了人们的聪明才智和企业的积极性，推动了社会生产力水平的不断提高和科学技术的进步。从这个意义上讲，竞争是符合人类根本利益的行为，因而也是道德行为。这种道德行为对国家、对集体，尤其对他人（消费者）有利。竞争的实质是人才和知识的竞争，是劳动生产率的较量。这一较量的结果，无疑可以极大地促进社会生产力的快速发展。

在知识经济时代，学习是永恒的主题，知识是推动行业发展的动力之一。烹饪从业人员要不断地积累知识、更新知识，适应原料、工艺、技术不断更新发展的需要，适应企业竞争、人才竞争的需要。

5. 遵纪守法，廉洁奉公，不徇私情，不谋私利

为了规范竞争行为，加强法制建设和维护消费者利益，国家出台了一系列法律、法规。法律、法规、政策是调节人们利益关系的重要手段，有力地促进了市场经济的健康发展。任何社会组织，都需要规矩和有约束力的规章制度，所属人员必须共同遵守和执行，这就是纪律。纪律和法律、法规、政策一样，是按照事物发展规律制定出来的一种约束人们行为的规范。能自觉遵守纪律，就能把事情办好，违反纪律就会使工作不能正常运转，因此必须遵纪守法。凡是违法、违规和不守纪律的行为，都是不道德的行为。凡是违法行为，都要受到法律处罚。

法律是由全国人民代表大会或全国人民代表大会常务委员会制定的，要求全体公民必须遵守的。目前已颁布的与餐饮行业有关的法律，主要有《中华人民共和国产品质量法》《中华人民共和国计量法》《中华人民共和国食品安全法》《中华人民共和国消费者权益保护法》《中华人民共和国野生动物保护法》《中华人民共和国环境保护法》等，这些法律反映了人民的意愿，体现了国家的意志。

纪律一般用规章制度的形式公布于众，例如劳动纪律、服务纪律、操作规范、操作程序、本岗位职责、企业要求等。

遵纪守法是对每一个公民的基本要求，是职业道德的重要内容。上述与餐饮行业有关的法律法规，都要求从业人员在岗位工作中身体力行。

廉洁奉公是烹饪从业人员必须具备的道德品质。它要求从业人员公私分明，不损害国家和集体利益；要求有大公无私的品格、秉公办事的精神，绝不能把工作岗位当成牟取私利的工具。

第二章

食品污染

在食品组成成分中，一般不含有害物质或有害物质含量极微，不致对人体产生危害。在食品生产，以及加工、储存、运输、销售及烹调、食用过程的各个环节，混入外来的有害物质并超过规定的标准，称之为食品的污染。造成食品污染的物质称为污染物。

食品污染的原因较为复杂。污染物可通过生态系统中的食物链和食物网进入动植物体内，也可直接进入食品，影响食品的卫生质量，并对人体健康造成不同程度的危害。

第一节　食品污染源

食品污染的来源十分广泛，主要包括生物性污染、化学性污染和放射性污染。

一、生物性污染

1. 微生物污染

食品中常见的有害微生物主要是细菌和霉菌。

（1）细菌污染。食品中细菌的污染首先来源于原料的生产、采集等环节。而食品生产、储存、运输及销售过程是细菌污染概率最大的环节。不卫生的操作和管理可使食品被环境、设备、器具中的一些细菌所污染；食品从业人员不认真执行卫生操作规

程，通过手、上呼吸道可造成食品污染；在食品加工过程中，未能严格贯彻烧熟煮透、生熟分开等卫生要求，再加以不符合卫生要求的管理方法，可使细菌大量繁殖生长，从而污染食品，危害人体健康。

污染食品并引起食品腐败变质的细菌主要有以下几种。假单胞菌属革兰氏阴性无芽孢杆菌，它是食品腐败菌的代表。它分解食品中的各种成分，使 pH 值上升并产生各种色素。葡萄球菌属是食品中极常见的革兰氏阳性球菌，能分解食品中的糖类并产生色素。芽孢杆菌属和梭菌属分布广，在肉、鱼类腐败时常见。肠杆菌科各属、沙雷氏菌属、变形杆菌属、肠杆菌属、克雷伯氏菌属等皆为常见食物腐败菌。变形杆菌属多见于水产品及肉、蛋腐败时；沙雷氏菌属与鱼、牛肉腐败有关，并使其表面变红发黏；弧菌属与黄杆菌属均为革兰氏阴性兼性厌氧菌，主要来自水域，在水产品中常见；嗜盐杆菌属与嗜盐球菌属、革兰氏阴性需氧菌，在高浓度食盐中生长，多见于咸鱼中，且可产生橙红色色素；乳杆菌属主要见于乳品，能使之产酸及酸败。

反映食品卫生质量的细菌污染指标有两个，一个是细菌总数，是食品的一般卫生指标；另一个是大肠菌群，是食品的粪便污染指标。

食品中的细菌总数，虽然不一定代表食品对人体健康的危害程度，但却反映了食品的一般卫生质量，以及食品在生产、储存、运输、销售过程中的卫生措施和管理情况。细菌总数低，表明上述环节是在符合卫生要求的情况下进行的；反之则表明未能采取适当的卫生措施。这为食品卫生的监督和管理工作提供了判定依据。

大肠菌群是评价食品卫生质量的主要指标之一。大肠菌群在粪便中数量较多，在外界的存活时间与主要肠道致病菌相近，所以大肠菌群作为粪便污染指标菌更为适宜，目前已被国内外广泛采用。大肠菌群的高低，表明了粪便污染的程度，也反映了对人体健康危害性的大小。食品中大肠菌群的数量，我国采用每 100 克（或 100 毫升）食品中大肠菌群的最可能数（简称 MPN）来表示。

（2）霉菌及其毒素的污染。霉菌是菌丝体比较发达的小型真菌的俗称，其种类繁多，分布很广。有些霉菌可以用于生产工业原料（如柠檬酸等），进行食品加工（如酿造酱油等），制造抗菌素（如青霉菌、灰黄霉素等）。一些霉菌则能引起工业原料和产品、农林产品发霉变质，造成巨大的经济损失。以粮食为例，我国每年由于霉变损失的粮食可达（50~100）$\times 10^8$ 千克。有一部分霉菌可引起动植物病害，如小麦锈病等。另外，还有一些霉菌可在粮食和食品中产生有毒的代谢产物。目前已知霉菌产生的毒素有百种以上，对人和动物危害最大的有黄曲霉毒素、镰刀菌毒素和棕曲霉毒素等。

黄曲霉毒素（简称 AF）是由黄曲霉和寄生曲霉产生的一类代谢产物。黄曲霉广泛分布于世界各地，食品极易受其污染并产生黄曲霉毒素。黄曲霉毒素具有极强的毒性和致癌性，因此，该毒素在食品卫生工作中为全世界所关注。黄曲霉毒素包括十几种衍生物，其中以黄曲霉毒素 B_1 的毒性和致癌作用最强，在食品中污染也最普遍，故在食品卫生监督工作中，主要以黄曲霉毒素 B_1 作为污染指标。

黄曲霉毒素是一种无色结晶体，分解温度为 268 ℃，故烹调过程或高压皆不能破坏它。国内外流行病学调查结果证明，人类肝癌的发病率与该地区粮油作物中黄曲霉毒素 B_1 的污染程度呈平行关系。

黄曲霉毒素广泛存在于粮油食品中，其中以花生和玉米污染最为严重，其次为大米和麦类、豆类，蔬果污染较少。除此以外，坚果、发酵食品及啤酒等中皆检出过黄曲霉毒素 B_1。动物性食品不适宜黄曲霉的生长、繁殖和产毒。然而，采用含黄曲霉毒素 B_1 的饲料喂家畜、家禽后，其肉和乳、蛋中可残留黄曲霉毒素 B_1，含量约为动物摄入量的 0.1%。乳牛食用含黄曲霉毒素 B_1 的饲料后，经过代谢变为黄曲霉毒素 B_1 的衍生物黄曲霉毒素 M_1，从乳汁中排出，含量为摄入黄曲霉毒素 B_1 量的 1%。黄曲霉毒素 M_1 也是强致癌物，能导致动物发生肝癌。

2. 寄生虫及虫卵的污染

生物界中，有一些低等动物不具备在外界过自生生活的能力，必须暂时或永久寄生在其他生物的体表或体内获取营养，并给其他生物带来损害，这些低等动物称为寄生虫。被寄生虫寄生的生物称为宿主。例如寄生在人体小肠内的蛔虫是寄生虫，而人则是蛔虫的宿主。由寄生虫的寄生所引起的人畜疾病，称为寄生虫病。

肉品中常见的寄生虫有囊虫、旋毛虫，鱼贝类食品中常见的寄生虫有华支睾吸虫、阔节裂头绦虫等，水生植物（荸荠、茭白、菱角等）表面寄生有姜片虫等。生食未洗净的蔬菜瓜果易引起蛔虫病传播。

（1）囊虫病。其病源在牛体为无钩绦虫，在猪体为有钩绦虫。牛、猪是绦虫的中间宿主。绦虫的幼虫在猪和牛的舌肌、咬肌、臀肌、深腰肌、颈肌和膈肌内形成囊尾蚴，囊尾蚴是一种白色半透明的水泡状包囊，包囊一端为乳白色、不透明的幼虫头节。猪囊尾蚴的包囊呈圆形或椭圆形，呈透明或灰白色，为米粒至豌豆大。囊内充满透明液体，囊壁的一边凹入囊内，为白色点，即囊尾蚴的头节。人吃了未经煮透的患有囊尾蚴病的猪肉，囊尾蚴在肠液及胆汁的刺激下，幼虫头节从包囊中伸出，以吸盘或钩子着生于肠壁而发育为成虫，长期寄生于人体小肠内并通过粪便不断排出节片或卵，使人患绦虫病，并成为绦虫的终宿主。在人体寄生的绦虫可生活多年，因而能长期排出孕卵节片。猪吃了这些排泄物后又能得囊尾蚴病，造成人畜间的相互感染，如图 2–1 所示。

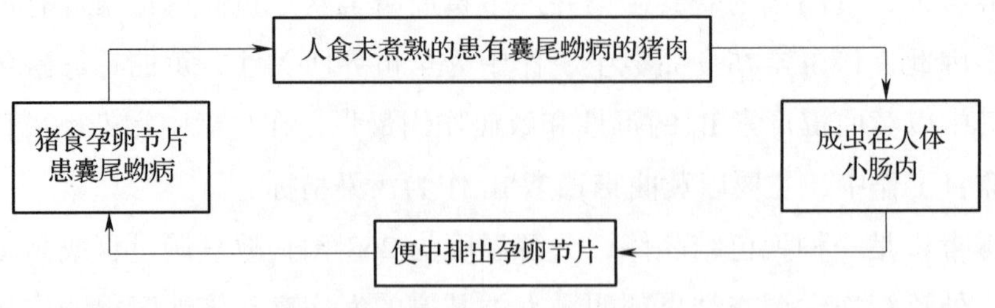

图 2–1　人畜间互感图

不论是绦虫还是囊尾蚴，都会对人体健康造成危害。特别是囊尾蚴，寄生在人体肌肉内，会使肌肉感到酸痛、僵硬；寄生于人脑内，则脑组织受压迫出现神经症状，造成抽搐、癫痫、瘫痪，甚至死亡；如侵入眼部可影响视力，甚至使人失明。

为控制和消灭囊虫病，要加强肉品卫生检验，不吃有虫的肉类；更主要的是加强人粪管理，防止猪、牛食入人粪或人粪污染饲料和饮用水。同时还要采取高温堆肥，消灭粪便中的一切寄生虫卵。人人要讲卫生，饭前便后洗手。对患病者要进行驱虫治疗。

（2）旋毛虫病。旋毛虫是一种很细小的线虫，一般肉眼不易看出。成虫寄生在宿主的十二指肠及空肠内，雄虫长 1.4~1.6 毫米，雌虫长 3~4 毫米。幼虫寄生在宿主横纹肌肉内，卷曲呈螺旋形，外面有一层包囊，呈柠檬状。猪、狗、野生动物都能感染旋毛虫病。人若吃了患有旋毛虫病的未经烧熟的动物肉品也能感染此病，所以它是人畜共患的寄生虫病。

人吃了尚未杀死旋毛虫幼虫的肉品后，幼虫由包囊内钻出进入十二指肠及空肠，迅速生长发育为成虫，并在此交配繁殖。每条雌虫可产 1 500 条以上的幼虫。这些幼虫穿过肠壁，随血液循环被带到宿主全身横纹肌肉，生长发育到一定阶段开始卷曲呈螺旋形，周围逐渐形成包囊。

人感染了旋毛虫病后，可出现头晕、头痛、腹痛腹泻、发烧等症状，轻者会出现肌肉酸痛，眼睑和下肢浮肿，且短时期内不会消失；重者还可出现呼吸、咀嚼、语言障碍。

根据我国肉品卫生检验相关规定，屠宰猪肉要经过旋毛虫检验，这是预防此病的重要措施之一。

（3）华支睾吸虫病。又称肝吸虫病，是由华支睾吸虫寄生于人体肝内胆道系统中引起的一种常见慢性寄生虫病。其发育分为成虫、虫卵、毛蚴、尾蚴、囊蚴等阶段。成虫呈灰白色或微黄色。虫卵在水中可存活，不孵化，必须在第一中间宿主——淡水螺体内孵出毛蚴，发育为尾蚴。尾蚴自螺体逸出后，在水中钻入第二中间宿主——淡水鲤科鱼类或虾类体内，经 20~35 天发育成为囊蚴。终宿主（人体）或储存宿主（猪、狗、猫、鼠等动物）生食或半生食含有活囊蚴的水产品后，幼虫在十二指肠内破囊而出，循总胆管、肝胆管至肝内胆管分枝内寄生，约 1 个月后，在胆管内发育为成虫并开始排卵。囊蚴对温度抵抗力较弱，约 1 毫米厚的鱼片浸入 90 ℃热水内 1 秒钟即可杀死囊蚴。囊蚴在醋中可存活 2 小时，在酱油中可存活 5 小时。在较厚的鱼肉深部的囊蚴，在爆炒或炸鱼片时，常因时间短不易杀死，人食后易感染。

此病除了因习食生鱼或未煮透的淡水鱼、虾所引起外，也可由囊蚴通过砧板、菜刀等用具污染食物，造成疾病的传播。

人体感染后主要表现为慢性消化机能紊乱，如不规则腹泻和便秘、食欲不振、上腹部胀满、肝肿大、胆囊炎。儿童体内若有大量华支睾吸虫寄生，则影响生长发育。

预防华支睾吸虫病发生的主要措施有，大力加强卫生宣传教育；改变饮食习惯，不吃淡水生鱼或半生不熟的鱼；禁止出售淡水生鱼片和鱼生粥；在加工鱼虾后要及时洗手并对炊具进行消毒，以防交叉污染；不给家畜及其他动物吃生鱼和鱼的内脏；淡水鱼养殖禁止用人粪作饲料。

（4）阔节裂头绦虫病。此虫是寄生于人体肠道中最大的绦虫，体长 3~4 米，具有 3 000~4 000 个节片，体色淡黄或深黄色，活体为象牙色。成虫寄生在人、猪、猫、狗等动物体内，但人是此虫的主要宿主。虫卵随人的粪便排出，被剑水蚤吞食后，变成原尾蚴，剑水蚤被淡水鱼吞食后，侵入鱼的脏腑或肌肉，渐渐发育成裂头蚴。人或动物吃下含有这种幼虫的鱼肉后就可被感染。感染者根据体内虫的多少，症状不一，一般症状为腹痛、消瘦、乏力，严重者可有贫血的症状。

为预防其危害，要加强检验工作，不要吃生鱼。

（5）姜片虫病。姜片虫主要寄生于人、猪的小肠壁。水生植物的表面有姜片虫及虫卵，人吃了带有虫卵的水生植物（如菱角、荸荠等）即可感染姜片虫病。猪也能感染此病，病猪宰杀后在内脏检验中可见其小肠上有许多姜片状成虫，这种受污染的内脏不得食用。

（6）蛔虫病。这是蛔虫寄生于人体小肠内引起的一种常见的寄生虫病。

蛔虫是一种大型的线虫，虫体黄白色，雌雄异体，圆柱状。感染方式为人经口吞入感染期蛔虫卵，卵在肠道中孵出幼虫，侵入肠黏膜，并进入静脉或淋巴管到达肺部，然后沿气管移行至咽部，经吞咽入食道，再返回肠道内发育为成虫。蛔虫的寿命为 1~2 年。

病人和带虫者是蛔虫病的传染源。蛔虫不需要中间宿主，虫卵随粪便的排出而严

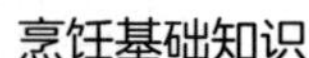

重污染环境。蛔虫卵可通过灰尘、水、土壤或蝇、鼠及带虫卵的手等污染食物，人体因生食未洗净的食物导致感染。

患肠蛔虫病的病人有食欲减退、恶心、呕吐、脐部腹痛、磨牙、烦躁不安、营养不良等症状。若蛔虫在胆管、肝脏、肺内生长，可造成致命的并发症。

预防蛔虫病的主要措施包括：养成良好的卫生习惯；饭前便后洗手；不生吃未洗净的食物；加强粪便管理，以达到消灭虫卵的目的。

3. 昆虫污染及有害动物污染

苍蝇、蟑螂、老鼠等是造成食品污染和疾病传播的重要媒介，是对食品卫生质量的严重威胁，应采取多种措施消除。

（1）苍蝇。苍蝇是传播肠道传染病的重要媒介，也是散布病菌，造成食品污染，引起食物中毒的罪魁祸首之一。

苍蝇的繁殖发育过程属于完全变态，可分为卵、幼虫（蛆）、蛹、成虫 4 个时期。环境适宜时苍蝇繁殖很快，每年可繁殖 7~8 代。卵产于粪便、垃圾、动物尸体、腐烂植物中，每只雌蝇每次产卵几十至几百个。麻蝇可直接产蛆。苍蝇的寿命一般为 1~2 个月，越冬苍蝇可存活 4 个月以上。

苍蝇身上粘满各种微生物，其中可能混有伤寒、痢疾、结核、炭疽、肝炎等病原微生物。苍蝇往返于人、畜的粪便与食物之间，常把病原微生物、寄生虫卵带到食物上。苍蝇有边吐、边吃、边排泄的习性，是各种肠道传染病、寄生虫病的重要传播媒介。

消灭苍蝇的方法很多，可诱捕杀灭，也可药物杀灭。

（2）蟑螂。俗称“油虫”，是一种棕黄褐色、体油亮、行动敏捷、杂食性的昆虫。蟑螂发育过程分卵、幼虫、成虫 3 个阶段，属于不完全变态。雌虫交配后 10 天左右开始产卵。幼虫发育为成虫要经数月，蜕皮 5~13 次，成虫寿命 2~9 个月。

蟑螂是杂食性昆虫，食物、粪便均吃，尤其喜食淀粉或糖类食物，如米饭、面包、豆粉、红糖等。耐饥饿，喜暗怕光，多聚集在温暖、潮湿和食物丰富的地方。气温在 24~32 ℃最活跃，低于 4 ℃即停止活动，在 −5 ℃下 30 分钟即可被冻死。

蟑螂与苍蝇的生活习性近似，体表和肠腔极易携带多种致病菌和寄生虫卵，除造成食品、食具污染外，还可以传播肠道传染病和寄生虫病。

消灭蟑螂应建立严格的清扫、洗刷、消毒制度，不给其提供生活栖息和觅食的场所。还可采用人工诱杀、药物毒杀等方法。

（3）老鼠。老鼠传播疾病，破坏建筑，盗毁粮食（食品），损害家具物品，咬苗毁林，给人类的生活造成极大危害。可利用鼠夹、鼠笼、翻板等工具捕杀老鼠，还可用毒饵灭鼠。另外，充分利用老鼠的天敌也是灭鼠的有效方法。

二、化学性污染

污染食品的有害化学物质主要包括某些有机和无机化合物及一些金属毒物，如汞、铅、砷、镉、亚硝胺、多环芳烃类物质等。

1. 化学农药污染

常用的化学农药按成分分为有机氯、有机磷、有机氮、有机汞、有机砷等；按用途可分为杀虫剂、杀菌剂、除草剂、熏蒸剂、植物生长刺激剂等。

农药使用和生产中的“三废”污染环境，并可随食物链进入人体。农药还可通过生物富集作用作用于人体。

农药通过各类食物进入人体的途径如图 2-2 所示。

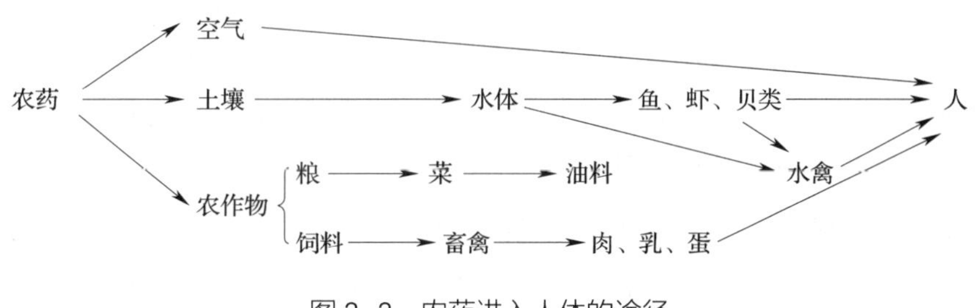

图 2-2 农药进入人体的途径

在各种化学污染中，以农药生物链锁式污染对食品污染最为严重。以滴滴涕（化学名为双对氯苯基三氯乙烷，英文缩写为 DDT，以下使用英文缩写）为例，DDT 通过空气的尘降作用和土壤的洗刷作用污染水域→水中的微小动植物吸附 DDT →水中的小鱼食用被污染的微小动植物，在体内累积 DDT →水食鸟类及大鱼吃小鱼→人吃鱼及水禽类。经过这样一个过程，逐步将有机氯农药累积及富集。试验证明：如空气及水面的 DDT 量为 1，则水生微小动植物中 DDT 含量为 10 000，小鱼中含量为 1.7×10^5，大鱼中含量为 6.7×10^5，水禽为 8.33×10^6，人若摄入则体内含量会更高。

2. 工业“三废”污染

工业生产排出的废水、废气、废渣中，有的含有有毒重金属，如镉、砷、汞、铅等，或非金属元素及有毒化学物质，如酚、多氯联苯、亚硝胺类等。如不加处理就排入农田、水域、大气中，会污染周围环境。用未经处理的工业废水灌溉农田，其中

的有毒有害物质可进入粮食和蔬菜中；工业废水流入地表水水域，所含有毒有害物质，特别是重金属，能在水产动植物体内富集。人长期食用这些被污染的食物，可造成中毒。工业废气、汽车尾气中含有硫等酸性物质，在一定的气象条件和阳光的作用下，可以扩散到很远的地区，经过雨水冲刷降落到地面，形成“酸雨”。“酸雨”不仅影响水生生物，破坏森林、植被及建筑物，还污染饮用水，使水质变坏，影响人体健康。

3. 不合卫生要求的食品添加剂的污染

随着食品工业和化学工业的发展，食品添加剂的种类和数量不断增加，防腐剂、抗氧化剂、发色剂、增稠剂、疏松剂、漂白剂、甜味剂、凝固剂、品质改良剂、抗结剂、香精、香料等的使用日益广泛。如果用量不当或添加剂本身不符合卫生要求，就可造成食品的污染。

4. 不合卫生要求的容具及包装材料的污染

我国传统的食品容具，制作材料种类很多，竹、木、金属、玻璃、搪瓷和陶瓷等都是制作材料。多年使用的实践证明，大多数材料对人体较安全。目前，随着食品工业和化学合成工业的发展，出现了很多新型合成材料容具，塑料、涂料以及橡胶等都可用于制成容具，或作为包装食品的材料并与食品接触。如果容具制作材料、包装材料滥用或使用不当，食品可能直接被污染。如石蜡中含有多环芳烃，可能混入包装食品用的蜡纸中；印刷商标图案的油墨中可能含有多氯联苯，易被油脂多的食物所吸收；陶瓷容器中的铅、聚氯乙烯塑料包装材料中的氯乙烯单体等都可能移溶到食品中造成污染。

5. 生产工艺、设备不合卫生要求造成污染

熏烤食物时，食品直接与炭火接触，会受到多环芳烃类物质的污染；烹调过程中原料中的脂类因高温可能形成有害物质；熟肉制品、鱼肉制品在烟熏或盐腌时易形成亚硝胺等有害物质。

三、放射性污染

食物中放射性物质一方面来源于宇宙射线，另一方面来源于地球上的放射线。土壤、空气、岩石、水域中均可含有放射性核素。另外，食物中放射性物质还可来源于人为放射性核素，这种现象称为食品的放射性污染。放射性污染来自核爆炸、核设施及意外事故。

第二节　食品污染的危害及预防措施

一、食品污染的危害

1. 使食品腐败变质

动物性食品的腐臭、粮豆的霉变、油脂的酸败、果蔬的腐烂等现象，说明食品已腐败变质，失去了营养价值，不能食用，否则对人体有害。

引起食品腐败变质除了食品本身的原因外，生物性污染及环境因素也是重要原因。它们之间相互影响，互为条件，共同作用，是导致食品腐败变质的综合原因。

污染食品的细菌能否繁殖生长，要受一定环境条件的影响。主要条件是营养，其次是温度、湿度、氧、水分、pH 值、渗透压、光线等。污染食品的细菌在适宜的条件下，大量生长繁殖，产生大量代谢产物及毒素，使食品出现种种腐败现象。在食品腐败的过程中，发生着极其复杂的生物化学反应。

食品中的细菌污染，一般虽以非致病菌为主，但也有可能是致病菌或条件致病菌，有的还可产生毒素，严重危害人体健康。所以有些食品对细菌指标的要求，不仅限于细菌总数和大肠菌群两项指标，同时还规定不得检出致病菌。若食品被致病菌或条件致病菌污染，产生的危害不仅是食品的腐败变质，更严重的是会引起人类食物中毒。

2. 造成急、慢性中毒

食品受到污染后，在一定条件下，对生物体可能产生一定的毒性。这些毒性对生物体造成毒害作用，生物体发生功能性或生理上的改变，出现疾病状态。在短时间内一次或多次吸收大量毒物，引起急性疾病，称食品污染所造成的急性中毒（即食物中毒）。长期接触或反复摄入小剂量毒物，毒物在体内蓄积引起疾病，即食品污染所造成的慢性中毒。

食品被细菌毒素、霉菌毒素污染一般引起急性中毒；食品被有害化学物质污染，一次达不到中毒剂量，但长期受到毒性侵害，可引起慢性中毒。如长期摄入含少量铅的食物可致疲倦、消化不良、头痛以及贫血、腹绞痛等；长期摄入被微量黄曲霉毒素污染的粮、油食品能引起肝脏病理变化及肝功能异常。由污染食品引起的慢性中毒不

易被发现，影响面往往比急性中毒还大。日本水俣病便是食用受汞污染水体中的鱼而引起的慢性中毒。慢性中毒在职业接触中更多见。

3. 致畸、致癌、致突变

自然界中某些物质，包括食物中的部分外来化学物质，可通过母体作用于胚胎导致畸形，这种作用称为致畸作用。

某些化学、物理、生物性因素能引发动物和人类恶性肿瘤，增加肿瘤发病率和死亡率。这种作用称为致癌作用。过量使用发色剂对肉类进行加工处理，在食品中可形成强致癌物；黄曲霉毒素等能使动物和人长出肿瘤。食物中最常见的致癌物有黄曲霉毒素 B_1、多环芳烃类苯并芘、N- 亚硝基化合物等。

突变是生物细胞内的遗传物质——染色体出现了变化。遗传物质有相对稳定的一面，因而各种生物的子代在形态、生理功能特点上与亲代基本相似，这就是遗传。但遗传物质也有不稳定的一面，表现在子代与亲代以及子代各个个体之间并非完全相同，这就是遗传物质发生变化的具体表现，也就是突变。自然界有一些普遍存在的未知因素或物质可以引起基因突变，称自然突变。但还有很多已知物质或因素可以在生物体内引起突变。突变本来是生物界的一种自然现象，从生物进化观点看，对生物群体有利，通过突变才能形成新的物种，生物界才有进化。但对大多数个体来说，突变是有害的，可使细胞活力减弱，胚胎早期死亡，后代出现畸形和先天性遗传缺陷。食品卫生学认为突变是毒性作用的一种表现。

二、食品污染的防治

1. 细菌污染的防治

（1）对食品原料一定要严格选择，并加强卫生管理。

（2）加强食品在产、销、运、储等过程中的卫生防护。这是防止细菌污染，保证食品卫生质量的关键。

（3）从业人员必须严格遵守食品卫生法规和有关制度。

（4）保证食品的烹调卫生。做到烧熟煮透，彻底杀灭食品中的污染细菌。对于熟食品，一定要生熟分开，防止交叉污染。

要有防蝇、防虫设备；剩饭要加热后冷藏，下次进食前要充分加热，以防污染细菌繁殖和产毒。

2. 霉菌污染的防治

（1）防止霉菌的生长繁殖，最关键的是控制湿度。粮食在储藏期可用低温（12 ℃

以下）保藏，也可用惰性气体（氮气或二氧化碳）或防霉剂防霉。

（2）食品被霉菌毒素污染后，如果超过规定的限量标准，必须进行处理，使毒素降低到限量标准以下方可食用。去毒可采用挑拣霉粒的方法和利用反复多次风扬的方法。另外，可采用化学方法，如用环氧乙烷进行粮食的杀霉，效果较好。还可用甲基胺、氢氧化钠降低污染毒素含量。利用紫外线去毒也是有效的方法。

3. 寄生虫、昆虫污染的防治

（1）建立健全卫生制度和监督检查制度。

（2）消灭传播寄生虫病的各种媒介，切断传播途径。

（3）治疗病人和带虫者，消灭传染源。

（4）加强屠宰卫生管理，严禁采购或食用病、死畜禽。

（5）加强饮食卫生教育，改善环境卫生，预防人群感染。

4. 有毒化学物质污染的防治

（1）使用高效、低毒、低残留农药，使化学农药污染的残留量降到最少。

（2）加强"三废"管理，减少对水源、大气、土壤的污染，消除烟尘，彻底治理环境污染。

（3）改进食品烹制工艺，减少有毒物质的危害。

1）减少苯并芘的危害。

①熏烤食物时的烟尘是造成食物苯并芘污染的主要原因。应选用发烟少的燃料与热源，不要使食物与燃料及其燃烧产物直接接触，以减少烟尘污染。为了使烟熏中的有用成分尽量多地被利用，减少苯并芘进入食物，把烟的温度控制在400~600 ℃最为合适。

国外使用较多的是新型熏制法——烟熏液法，可使苯并芘的含量减少，保证食品质量。

②改进烘烤设备，采用电炉、远红外线烤炉等，不使糕点、面食等直接接触炭火、熏烟。

③已受污染的食品可采取氧化吸附法去除其中的苯并芘。对污染的油脂，精炼时可加入0.3%活性炭，苯并芘的含量可减少约90%。烟熏食品表面污染的烟油要及时去除，烧焦的部分应弃掉不食。

2）减少亚硝胺的形成。

生成亚硝胺的前体物质有亚硝酸盐、硝酸盐和胺类。

①严格按国家使用量、残留量标准使用硝酸盐类物质。

②易腐败、含蛋白质丰富的肉、鱼类、贝壳类及含硝酸盐较多的蔬菜，应尽量低

温储存，以减少胺类及亚硝酸盐的生成量。

③肉制品的腌料，如胡椒、辣椒等辛香料应与盐分开包装，并少用粗盐，以减少肉内亚硝基化合物的含量。

④食用维生素C、维生素E以及新鲜的水果等，可阻断亚硝基化合物的形成。

另外，要注意口腔卫生，以减少唾液中亚硝酸盐的生成量。

第三章

食物中毒及其预防

食用各种被有毒有害物质污染的食品后发生急性疾病，称食物中毒。所谓有毒有害物质污染的食品是指处于可食状态、数量正常、经口摄入而使健康人发病的食品。

第一节　细菌性食物中毒及预防

食物中的细菌在适宜条件下大量生长繁殖，形成一定量的毒素，引起的食物中毒称细菌性食物中毒。按中毒性质，大体分为以下三类。

- 感染型食物中毒。由致病活菌本身引起的食物中毒，即伴随食物吃入大量活菌而引起的食物中毒，如沙门氏菌中毒、变形杆菌中毒等。
- 毒素型食物中毒。由于吃了含细菌毒素的食物引起的食物中毒，如葡萄球菌肠毒素中毒。
- 过敏型食物中毒。一些细菌可分解食品中一些成分，使食品产生有毒物质，如莫根氏变形杆菌可分解鱼类食品中的蛋白质，形成组胺，食用这样的鱼类可引起组胺中毒。

一、细菌性食物中毒的特征

（1）潜伏期短。来势凶猛，短时间内可能有大量病人同时发病。

（2）所有病人都有类似的临床表现，都食用过同样食物。发病范围局限在食用该种有毒食物的人群内。一旦停止食用这种食物，人群再无新发病例。

（3）人与人之间不直接传染。

（4）发病曲线呈突然上升又迅速下降的趋势。

细菌性食物中毒在食物中毒中占有较大的比重，引起中毒的食品主要是动物性食品和植物性食品（如剩饭、豆制品等）。细菌性食物中毒多发生在气温较高的春、夏季节，占食物中毒事件总数的70%～80%。我国南方各省6月份雨水多，湿度大，平均气温在20 ℃以上，这样的气候有利于细菌的生长繁殖，因此进入6月份细菌性食物中毒事件明显增加。

二、细菌性食物中毒常见病原菌

1. 沙门氏菌

沙门氏菌在自然界分布极广，特别是在动物当中，动物不仅带菌面广，且带菌率高。如急宰病猪的沙门氏菌检出率高达64.5%。据调查，动物脏器及其他组织沙门氏菌的检出率分别是肝脏85%、脾脏83%、肌肉69%，家禽蛋类沙门氏菌的检出率为0.5%～3%。在一般肉类食品加工人员中，该菌的带菌率为10%以上。

沙门氏菌在20～37 ℃条件下生长繁殖很快。其在外界生活能力较强，在冰冻土壤中可以越冬；在牛奶或肉类食品中可存活数月；在人的粪便中可存活1～2个月。在18～20 ℃条件下，食盐浓度为5%～18%时，沙门氏菌可存活30余天。

大量活的沙门氏菌进入人体后，在小肠等部位急剧繁殖，致使肠黏膜发生炎症；然后附着于黏膜上皮细胞并侵入黏膜下组织，使肠黏膜出现炎症，抑制水和电解质的吸收。活菌经淋巴系统进入血液循环，使人体内的血液带有细菌，引起全身感染。沙门氏菌在肠道内被破坏，则可放出大量毒素引起机体中毒，故沙门氏菌食物中毒具有先感染后中毒的特点。

引起沙门氏菌中毒的食品主要是动物性食品，如各种肉、乳、蛋类及水产品等。由于该菌具有不分解蛋白质的特点，被该菌污染的食品通常没有明显感官性状的改变，故不易被觉察。食用被污染的食品，在没有加热灭菌时，即引起中毒。

沙门氏菌食物中毒的病人临床症状复杂，一般分为5个类型，即胃肠炎型、类伤寒型、类感冒型、类霍乱型及败血症型。主要症状在发病初期表现为恶心、头晕、头痛、全身乏力、食欲不振、出冷汗等；继而出现呕吐、腹泻、腹痛、体温升高等症状。腹泻较重，一日可数次。粪便主要为黄绿色水样便，有恶臭，可带有黏液和血。病人体温多在38～39 ℃，重症可出现嗜睡、惊厥、抽搐、休克以及昏迷。多数病人3～5天可恢复健康。

预防沙门氏菌食物中毒的措施如下。

（1）防止食品被沙门氏菌污染要做好三项重要工作。

1）防止动物生前感染。患病的畜禽要隔离饲养，要加强畜禽宰前的检疫，要做好畜禽传染病的预防管理。

2）防止动物宰后污染。要做好畜禽宰后的脱毛、解体、摘除内脏、洗涤净化、肉尸检验、分类、储存、运输、销售，以及加工各个环节的卫生监督管理工作。

3）防止肉品熟后重复污染。主要是防止生熟交叉污染，避免细菌的综合污染。

为防止肉品熟后重复污染，制售熟肉制品、冷荤凉菜必须符合“专人制售、专室经营、专用工具和容器、专用冷藏设备、专用消毒设备”的“五专”卫生要求，对从业人员要定期进行健康检查。总之，加强对食品生产经营企业、集体食堂的食品卫生监督管理和食品卫生科学技术指导是十分必要的。

（2）控制沙门氏菌的繁殖。低温冷藏是控制该菌繁殖的最有效方法。沙门氏菌生长繁殖的最适宜温度为 37 ℃，但在 18~20 ℃即能大量生长繁殖。把温度控制在 5 ℃以下，该菌即可受到抑制。熟食品在冷藏期间，若能做到避光、断氧及不再受到污染，则冷藏效果会较好。

（3）高温杀灭沙门氏菌。高温是杀灭细菌的一种可靠方法。灭菌效果取决于灭菌方式、灭菌温度的高低、加热时间的长短、细菌的种类和菌量，以及被加工食品的性状等诸多因素。

沙门氏菌一般在加热至 75 ℃时，8~10 分钟死亡；肉制品深部温度达到 80 ℃时，细菌 12 分钟即死亡；禽蛋煮沸 8 分钟，壳内细菌可全部被杀死。故加工熟肉制品时，其深部温度应达到 80 ℃以上，加热的时间必须在 15 分钟以上，以保证食品的食用安全。

2. 蜡样芽孢杆菌

该菌广泛分布于自然界，如土壤、灰尘之中。在 15~50 ℃的温度范围内，只要有充足的水分、适当的营养，该菌就可生长繁殖并产毒。蜡样芽孢杆菌易污染米饭、馒头、包子等淀粉类食品，尤其是剩米饭、面条。当这些食物留作下顿或次日食用时，若食用前不能充分加热（一般加热不能杀灭其毒素），易发生食物中毒。还易污染熟肉制品和乳制品，引起中毒。

蜡样芽孢杆菌引起的食物中毒潜伏期最短仅 10 分钟，最长可达 16 小时，一般多在食后 1~6 小时发病。症状大多为恶心、呕吐、腹泻。若治疗及时，1~3 天便可痊愈。

预防蜡样芽孢杆菌食物中毒最主要是抑制蜡样芽孢杆菌的生长。要有计划地制作淀粉类食品，数量以满足一餐需要为好。如有剩余要进行双加热，即当餐剩饭立即上笼屉加热，低温存放；食前再加热。剩米饭不要掺入新米饭中，否则也会引起中毒。

3. 副溶血性弧菌

副溶血性弧菌又称嗜盐菌，广泛存在于海水中，在温度、湿度适宜，含盐量3%左右的环境中可迅速生长繁殖。海鱼、虾、蟹、贝壳类等海产品中该菌的带菌率很高。夏秋季节捕捞的海产品比冬天捕捞的带菌率更高，可达80%~100%。

该菌对热的抵抗力较弱，加热到60 ℃，持续5分钟，即可使细菌死亡；加热到80 ℃，1分钟即死亡。该菌对醋或植物杀菌素均敏感，大蒜液对其有较强致死力。

副溶血性弧菌食物中毒主要是由于食用海产品引起的，如吃了被该菌污染较重的生拌鱼片、生拌螃蟹肉、咸蛤蜊肉及低盐凉拌菜等。烹调加热不充分未能将活菌杀死或生熟不分造成重复污染，都可引起中毒。

副溶血性弧菌中毒的病人大多数症状表现为腹疼、腹泻、发冷、发热、头晕等。若治疗及时4~5天可痊愈。

预防副溶血性弧菌中毒的有效措施是不生食海产品。食用海产品必须烧熟煮透，并注意预防食物的重复污染。

4. 病原性大肠杆菌

按大肠杆菌对人体肠道的病原性，一般分为四型，即致病性、产毒性、侵袭性和致病性暂时不明的大肠杆菌。其中致病性大肠杆菌最为多见，侵袭性大肠杆菌的毒性最强。致病性大肠杆菌的主要传播者一般是肠炎患者和有腹泻症的婴儿，其带菌率为2.9%~52.1%，食品带菌率为1%~18%。

病原性大肠杆菌中毒的潜伏期短则2小时，长则20~48小时，一般多在食用污染食品后4~10小时发病。症状多表现为腹泻、腹疼、发热、头痛等。

病原性大肠杆菌食物中毒的预防与沙门氏菌食物中毒的预防相同。

另外，常见的细菌性食物中毒的病原菌还有很多，如葡萄球菌、变形杆菌、肉毒杆菌等。

第二节　非细菌性食物中毒及预防

非细菌性食物中毒指细菌性食物中毒以外的其他因素引起的食物中毒。可能引起非细菌性食物中毒的物质种类很多，主要包括化学农药和工业“三废”中的有害物质、甲醇、组胺、亚硝酸盐、有毒动（植）物等。

非细菌性食物中毒一般都有明显的地区性和较强的季节性，零散的或小集体的中毒，均多于大的集体性暴发。化学性食物中毒发病率农村高于城市，没有明显的季节性，一年四季都有发生，发病率和病死率较高。

一、农药中毒

在农作物上使用的农药都有安全标准，以保证上市农作物中农药残留量不超过允许的残留标准，保证长期食用不影响人体健康。农药食物中毒大多由违反农药使用和管理制度，滥用、误用、误食所引起。如有机磷农药常用的有对硫磷、马拉硫磷、敌百虫、乐果、甲胺磷等，其中甲胺磷等是剧毒农药。在卷心菜上施用甲胺磷，未到安全等待期满即采摘投放市场，一旦食用即可引起中毒。

二、砷中毒

引起砷中毒的常见砷化物是三氧化二砷，俗称砒霜、信石。三氧化二砷有剧毒，可引起急性中毒致人死亡，也可因蓄积作用而致慢性中毒。天然食品中砷含量很少，不致引起中毒。造成食物中毒的原因是砷化物混入食品，如工业废料污染食品原料或含砷杀虫剂混入食物，误食后可造成砷中毒。

三、甲醇中毒

甲醇的毒性较其他醇类大。人体中毒后的病理变化为脑水肿、充血、脑膜出血、肺出血、肺水肿等。甲醇的致死量是 30 毫升。摄入 5~10 毫升可引起严重中毒，摄入 10 毫升以上则可导致眼睛失明。

甲醇在体内经醇脱氢酶及甲醇脱氢酶等作用可氧化成甲醛，继而成为甲酸。甲酸可导致酸中毒。甲醛对视网膜细胞有特殊的毒性作用，导致视神经萎缩，还可引起视神经系统的功能障碍，对肝脏也有毒害作用。

一旦发生甲醇中毒，必须及时去医院救治。

四、组胺中毒

组胺中毒是指因食用含有致病量组胺的鱼类食品而引起的食物中毒。此类鱼主要

是海鱼中血红蛋白含量较高的青皮红肉鱼，如鲐鱼、鲱鱼、金枪鱼、沙丁鱼、秋刀鱼、竹荚鱼等。这些鱼的体内富含组氨酸，鱼体被含组氨酸脱羧酶多的细菌污染，在适宜的温度下脱羧之后，即可产生大量的组胺。

组胺中毒的患者大多颜面及上身潮红，眼结膜充血，极似酒醉；胸闷、心慌、头晕、头痛、咽部有烧灼感、吞咽不畅；继而出现疹子，全身发痒，四肢麻木，视物模糊，面目肿胀。严重者可出现呼吸困难、昏厥等症状。

预防组胺中毒最重要的一点是把含组氨酸多的鱼类储藏在 5 ℃以下，以控制组胺的大量生成。要尽量吃新鲜的鱼，鲜度高时鱼中的组胺含量低，制售鱼贝类也要保持其鲜度。用浓度为 25% ~30% 的食盐溶液腌制鱼类可减少鱼中的组胺含量。另外，烹制鲐鱼等鱼前，初加工时要先去掉内脏，充分冲洗，切成 6~7 厘米长的鱼段，浸泡 4~6 小时再烹调，这样可使鱼体内组胺含量下降约 40%。总之，合理的烹调方法可预防组胺中毒。

五、亚硝酸盐中毒

腐烂的蔬菜最易形成亚硝酸盐。腌肉制品，如咸肉、香肠等，若为了使肉显红色而过量采用硝酸盐或亚硝酸盐（俗称快硝），食用后很有可能引起中毒。另外，用不清洁的器皿盛熟菜（蔬菜），存放时间过久，细菌大量繁殖，也有可能生成亚硝酸盐。

亚硝酸盐中毒量为 0.3~0.5 克，致死量为 3 克。为预防亚硝酸盐中毒，必须妥善保管蔬菜，不吃腐烂的蔬菜。蔬菜不要存放过久，尤其是绿叶菜，应现买现烹即食，最好不吃过夜的剩菜。同时，不要用苦井水或蒸锅水煮饭。腌制咸菜时，一定要放足适量的盐，因为食盐的浓度在 12% 以下易产生亚硝酸盐。另外，要严格规章制度，加强亚硝酸盐的管理，建立专用容器盛装、专库存放和专人保管的制度。要健全原料领发登记手续。严禁把亚硝酸盐与厨房的食用盐、白糖等调味料混放。

六、河豚鱼毒素中毒

河豚鱼品种繁多，其特点是头小，肚子大，体形肥胖，无鳞，鱼皮上有各种花纹。河豚鱼体的皮肤、血液、内脏、卵巢等含有大量毒素，毒性最强；肠管、眼睛、鳃部等处毒性次之；肌肉毒性最弱，多数无毒，但有些品种的肌肉中也含有一定量的毒素。

河豚鱼毒素对人的致死量为 0.5 毫克。食河豚鱼可引起急性中毒，故世界卫生组织已禁食河豚鱼。

七、植物引起的中毒

1. 扁豆（四季豆）中毒

吃扁豆引起中毒有两种情况：吃了储藏过久的扁豆；吃了未炒熟煮透的扁豆。

扁豆中含有皂素，它是一种甙类物质，对消化道黏膜有强烈刺激作用，会引起消化道充血、肿胀及出血性炎症，所以人中毒后有恶心、呕吐、腹泻等症状。皂素还可以破坏红细胞，有溶血作用。另外，在多种可食豆类种子里均含有外源凝集素（亦称植物血球凝集素），有一定的毒性。下霜前后的扁豆皮中含有胰蛋白酶抑制物，对胰蛋白酶的活性有抑制作用，对胃、肠道也有一定的刺激作用。

大量的调查资料表明，扁豆中毒主要与制作方法有关。食用过颜色青绿、口感生硬、咀嚼豆腥味浓的急火炒扁豆的人，发生中毒的较多。食用色变豆熟、清香适口的微火焖烧扁豆的人，极少中毒。故预防扁豆中毒的方法很简单——煮熟焖透，其毒素就会被破坏。

2. 豆浆中毒

喝没有煮透的豆浆会发生豆浆中毒。这是因为未经煮沸的豆浆，含胰蛋白酶的抑制素，会抑制胰蛋白酶的活性，并对消化道有刺激作用，从而发生中毒。

煮豆浆时，要防止把“假沸”溢锅误认为已煮开，必须将豆浆加热升温至 100 ℃之后，待豆浆的泡沫自然消失，皂素等有害物质已经被破坏后再食用。一般情况煮 10 分钟即可。

3. 毒蕈中毒

蕈是真菌的一类，俗称蘑菇。蕈种类很多，有的可以吃，味道鲜美，且有一定的营养价值；有的有毒。蕈有野生和人工培植两种，吃蕈中毒往往是误食野生毒蕈引起的，多发生于夏、秋季节。

毒蕈的有毒成分较为复杂。毒蕈中毒时，往往是几种毒素的联合作用，症状也多样，如不及时抢救死亡率较高。

关于食用蕈和毒蕈的鉴别问题尚缺少可靠的方法。一般来说，毒蕈有以下几个特点：菌体具有各种色泽，很美丽，菌盖有肉瘤，菌柄上有菌环和菌托；菌体多数柔软多汁，汁浑浊如牛奶，破损后显著变色，采集后也易变色；菌体表面黏脆，多生于腐物或粪肥上；菌体与灯心草共煮可使灯心草变成青绿色或紫绿色，若与银器共煮，可使银器变黑；食之味多辛酸且苦辣。

为预防毒蕈中毒，不要采摘和食用野生蕈。

4. 鲜黄花菜中毒

鲜黄花菜（又名金针菜）中毒与食用方法和食用量有关。中毒主要是多量进食未经煮泡去水或急炒加热不彻底的鲜黄花菜所致。鲜黄花菜中含有秋水仙碱，秋水仙碱无毒，在胃肠吸收缓慢，但在体内被氧化成为二秋水仙碱后则有剧毒。

在食用鲜黄花菜时，必须用开水烫后捞出沥干水分，再加以烹调，或先用水浸泡，过滤几次，加热后食用就无毒了。

干黄花菜是将鲜黄花菜蒸后晾干而成，无毒。

5. 含氰甙果仁中毒

有些果仁中含有氰甙（有毒物质），如苦杏仁、苦桃仁、枇杷仁、梅仁、李子仁、苹果仁等，误食即可发生中毒。

含氰甙果仁水解后，生成剧毒的氢氰酸，氢氰酸遇热易挥发。我国有些地区爱喝杏仁茶，是将杏仁磨浆再煮熟，使氢氰酸挥发掉，即可避免中毒。甜杏仁因含氰甙量微，故可放心食用，苦杏仁炒熟后可去毒。

6. 发芽马铃薯中毒

马铃薯（土豆）由于品种、储存季节、制作方法、食用部位及食用量不当等原因，常使人食后中毒。其中尤以食用带芽马铃薯、有薯体赘生的仔薯以及蒸煮的青皮或紫皮等带皮的整个马铃薯等引起中毒更为多见。

马铃薯所含毒素主要为龙葵素。这种毒物对热稳定，不溶于水，有腐蚀性及较强的黏膜刺激性；能产生溶血，引起脑充血和水肿，可使运动及呼吸中枢麻痹。

一般认为一次摄入龙葵素 200 毫克即可发病。病人多有咽喉瘙痒和心窝部烧灼感，继而恶心呕吐，腹痛、头痛，时出冷汗，体温升高，瞳孔放大，全身无力，严重者可导致死亡。

龙葵素在薯体的分布，以薯芽含量最多（1 275~2 000 毫克 /100 克），薯皮次之（81.2~137.5 毫克 /100 克），薯内最少（1.67~19.4 毫克 /100 克）。

针对上述情况，只要把含龙葵素较多的薯芽及芽眼周围 0.2~0.5 厘米范围内的薯皮和薯肉的结合部分全部去除，把青、紫薯皮全部削掉即可安全食用。

第三节　食物中毒的急救

根据食物中毒的特点，初步确定为食物中毒时，应及时报告当地卫生健康行政部门。

食物中毒的抢救工作是否正确、及时，直接关系到病人的安危，因此必须尽快进行抢救。急救处理的一般原则是及早清除胃、肠道内未被吸收的毒物，防止更多毒物被吸收；排除已吸收的毒物；采取必要的对症治疗并防止感染或后遗症。

一、急救处理

1. 清除未被吸收的毒物

催吐、洗胃、灌肠或导泻在非细菌性食物中毒的抢救中极为重要，应及时进行。但对有肝硬化、心脏病和胃溃疡等疾病的患者应禁用催吐和洗胃。

（1）催吐。可使残留在胃内的毒物迅速排出，多用于中毒发生不久，毒物尚未被大量吸收的患者。但患者意识必须清醒，昏迷者不宜采用。催吐可采用刺激咽部或用催吐剂催吐等方法（可用生蛋清代替催吐剂）。

（2）洗胃。可以彻底清除胃内未被吸收的毒物。越早越彻底，效果越好。

（3）导泻与灌肠。如果中毒时间较长，估计毒物已部分进入肠内，可用含盐量1%的盐水、肥皂水或清水，加温至 40 ℃左右，进行高位连续灌肠。

2. 防止毒物的吸收和保护胃肠道黏膜

食物中毒后，应尽快使用拮抗剂。有些拮抗剂可与催吐或洗胃的液体结合使用，有些应在催吐、洗胃后使用。因为催吐、洗胃之后，可能仍有一部分毒物残留，拮抗剂可以作用于胃，中和进入肠内的毒物。

3. 促进毒物排出

一般毒物或毒素摄入人体后，多由肝脏解毒，经肾随尿排出；或经胆管与肠道随同胆汁混入粪便排出。因此大量输液，促进毒物排出，是抢救食物中毒病人的重要措施之一。

二、食物中毒的现场处理

1. 细菌性食物中毒的残余食物及患者排泄物处理

引起中毒的残余食物应在煮沸 15 分钟后销毁，液体食物可与漂白粉混合消毒。患者的排泄物可用 20%的石灰乳或漂白粉乳状液、5%的来苏水等消毒。饮食器具应用1% ~2%的碱水或肥皂水煮沸或用漂白粉溶液进行消毒。污染的家具、墙壁、地板亦应洗擦消毒。

2. 及时处理污染源

对肠道传染病患者、带菌者，以及患上呼吸道感染或化脓性皮肤病的烹饪从业人

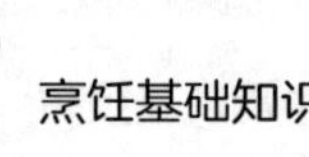

员，应暂时调离岗位。

3. 及时报告

食物中毒如果是由于购买的食品带菌或含有毒物质所致，应及时报告当地卫生健康行政部门，采取必要措施以防止食物中毒再次发生。

此外，还应针对此次食物中毒事件，找出中毒的原因，并制订有关卫生制度、规范，落实防范措施，杜绝食物中毒的再次发生。

第四章

各类烹饪原料的卫生

为保障人们身体健康，各种食品要符合以下几方面的卫生要求：第一，食品应具有其本身所固有的营养成分，以满足人体对营养物质的需要；第二，在正常情况下，食品不应对人体健康产生任何不利影响，即无毒无害；第三，食品的感官性状，即色、香、味等不应给人以任何不良感觉。

食品在上述第一、第二两个方面存在的问题统称为食品卫生问题。下面介绍常用烹饪原料的卫生问题。

第一节　植物性烹饪原料的卫生

一、粮豆类的卫生

1. 霉菌及其毒素对粮豆的污染

在高温高湿条件下，由于各种酶的作用，粮谷会发热霉烂、变质。粮谷在成熟或储存期间霉变，不仅感官性状发生变化，而且会产生霉菌毒素，使食用者发生霉菌毒素食物中毒。其中要特别注意的是黄曲霉毒素 B_1 的污染，其毒性可导致肝癌，也可引起急性中毒。黄曲霉毒素耐热力强，在 280 ℃高温下加压才有可能被破坏。

防止粮谷发热霉变的主要措施是控制环境的温度、湿度。储存粮谷过程中，要将湿度降至 14% 以下，其中大豆降至 12% 以下，成品粮降至 13% ~13.5%。

2. 粮豆中有害植物种子的污染

粮谷、豆类收割时有时会混进一些有害的植物种子，最常见的有毒麦、麦仙翁籽、苍耳等。这些杂草种子都含有一定的毒素，混入粮豆中会引起食用者中毒。

预防这类污染应加强田间除草，粮食、豆类加工时要注意筛选。

3. 仓库害虫及杂物的污染

仓库害虫的种类很多，世界上已发现的就有百种以上，我国发现的有 50 多种。其中甲虫损害米、麦、豆等原料；螨虫损害稻谷。这些害虫不但损害粮谷、豆类，而且使粮谷、豆类带有不良气味，重量减少，质量降低，并易使粮谷、豆类发热并导致微生物进一步作用，造成霉烂变质。

泥土、砂石和金属是粮谷、豆类中主要的无机夹杂物，应在包装储藏前清理干净。提倡科学保粮，要积极推广“四无”粮仓（无虫、无霉、无鼠、无事故）并加强粮食检验，不加工、出售霉烂和不符合卫生标准的粮食。

二、豆制品的卫生

豆制品含有丰富的蛋白质、水分，在生产、运输、销售过程中极易遭到细菌、霉菌等微生物的污染。很多豆制品除供烹煮外，还经常被凉拌食用，故更需加强卫生管理，防止食物中毒的发生。

豆制品生产加工过程中使用的水和添加剂必须符合国家卫生标准，如豆芽的发制过程禁止用尿素和化肥。豆制品的运输工具、盛器必须清洁，各种制品冷、热要分开，干、湿要分开，水货不脱水，干货不着水，不叠不压，要保持低温、通风，杜绝苍蝇及蛆虫滋生。

三、蔬菜、水果的卫生

一般蔬菜的卫生指标如下。优质菜应鲜嫩，无黄叶，无伤痕，无病虫害，无烂斑；次质菜梗硬，老叶多，叶枯黄，有少量病虫害、烂斑和空心，挑选后可食用；变质菜则严重霉烂，有腐臭味，亚硝酸盐含量增多，有毒或有严重虫伤等，不可食用。

一般水果的卫生指标如下。优质水果表皮色泽光亮，肉质鲜嫩、清脆，有特定的清香味；次质水果表皮较干，不够有光泽、丰满，肉质鲜嫩度差，营养成分减少，清香味减退，略有小烂斑，有少量虫伤，去除虫伤和腐烂处仍可食用；变质水果已腐烂变质，不能食用。

造成蔬果污染、变质的原因主要有以下几个方面。一是肠道致病菌和寄生虫卵的污染。我国蔬菜栽培有些以人畜粪便作肥料，因此肠道致病菌和寄生虫卵的污染很严重。调查数据显示，某些西红柿、黄瓜、葱的大肠杆菌检出率为67%~100%；新鲜菜或咸菜，都可检出蛔虫卵；水生植物中的菱角、荸荠上有姜片虫。水果在收获和运输过程中，由于和大气、土壤接触，也往往会被肠道致病菌和寄生虫卵污染。二是污水、废水的污染。三是农药的污染。

为防止蔬果受污染，预防措施包括：严禁用未经处理的生活污水、废水灌溉农田；用于蔬果的农药必须是高效、低毒、低残留的；禁用未经处理的人畜粪便为蔬果施肥；做好蔬果运输、储藏的卫生管理；生吃蔬果必须洗净消毒；削皮后的水果应立即食用。

四、植物油的卫生

1. 油脂的酸败

不论是食用油脂，还是含油脂较多的食品，在不符合卫生要求的条件下保存，尤其是高温条件下，很容易产生一种哈喇味，这是油脂发生酸败的缘故。造成油脂酸败的原因有两方面，一是由于植物组织残渣和微生物产生的酶所引起的酶解过程；二是在空气、阳光、水分等作用下发生的水解过程。

在酸败过程中，食用油脂先被分解为甘油和游离脂肪酸。游离脂肪酸的增加使油脂酸价增高，同时又增加了低级脂肪酸，这些游离的低级脂肪酸可以进一步发生断链，形成酮类和酮酸。这些都是在微生物和酶的作用下发生的酶解过程。酶解使油脂变劣，具有哈喇味和苦涩味。最严重的是油脂游离不饱和脂肪酸会发生氧化，形成过氧化脂，并再次分解成为具有特殊臭味的醛类和醛酸。酸败过程中，不饱和脂肪酸、脂溶性维生素均被氧化破坏，失去价值。同时，油脂氧化产物为酮、醛等有毒物质，对人体有毒害作用。人食用油脂的高度氧化产物可能引起肿瘤，要高度重视。酸败了的油脂，由于性质改变，已失去食用价值，不能食用。

2. 防止油脂变质

（1）要求油脂的纯度高，减少残渣存留，避免微生物污染。要在干燥、避光和低温的条件下储存。

（2）要限制油脂中的水分含量。我国规定油脂中的水分不得超过0.2%。烹调加工过程中用过的油含水分多，应单独存放，不要混合入新鲜的油中，及时用掉，不能久存。

(3)阳光和空气能促进油脂的氧化,所以油脂宜放在暗色(如绿色、棕色)的玻璃瓶中或上釉较好的陶器内,放置于阴暗处,最好密封,尽量避免与空气接触。

(4)金属(铁、铜、锰、铅等)能加速油脂的酸败,所以储存油脂的容器不应含有铁、铜、锰、铅等金属成分。

(5)在油脂中添加一定量的抗氧化剂能防止油脂氧化,但是要注意所使用的氧化剂应符合卫生要求。

3. 粗制生棉籽油的毒性

棉籽中的有毒物质主要是游离棉酚。由于粗制生棉籽油中棉酚含量高,长期食用会引起"烧热病"。患者皮肤灼热难受,无汗,伴有心慌、无力、气急、肢体麻木等症状,还能影响生殖机能。只要停止食用含棉酚较多的粗制棉籽油,经治疗后,多数患者可恢复健康。

预防"烧热病"的措施是改变棉籽油的加工方法。棉籽应先蒸、后炒,再进行榨油,榨的油需再经过精炼,这样就可去掉大部分棉酚,使油不再具有毒性。我国规定棉籽油中游离棉酚含量不得超过0.02%。

4. 油脂经高温加热后的毒性

油脂经过高温加热后,不仅营养价值降低,而且分子结构改变,发生脂肪酸聚合。油脂中的不饱和脂肪酸,如亚麻酸、亚油酸、花生四烯酸等,加热时都能发生聚合作用。所谓聚合作用就是两个或两个以上分子的不饱和脂肪酸互相聚集,构成大的分子团。实验证明,三聚体不能被机体吸收,二聚体只有部分可被机体吸收,但毒性较强。这种毒性可使动物生长停滞,肝肿大、肝功能受到损害,有人认为还具有致癌作用。反复使用的高温加热的油聚合体更多,对机体的危害更大。

为防止和打破脂肪酸的聚合作用,在烹调中要注意不反复使用高温加热的油脂烹炸食物,要控制烹调的油温,适当地加入凉油降温,加热的时间不要太长。

五、调味品的卫生

能调节食品色、香、味等感官性状的调味品很多,如咸味剂、甜味剂、酸味剂、鲜味剂和辛香剂等。下面介绍烹调中常用的酱油、酱、食醋、食盐等调味品的卫生。

1. 酱油、酱

酱油的种类很多,人们普遍食用的是以大豆和豆饼为主要原料制成的人工发酵酱油。较常见的酱是用大豆、面粉等为原料发酵酿造的黄酱、甜面酱、豆瓣酱等。它们主要的卫生问题是微生物污染与生霉。

酱油和酱属于发酵食品，在加工制作过程中要接种曲霉。在长期反复培养中，容易污染其他产毒菌种或菌种变异成为产毒菌株，给人们的健康造成危害。

酱油、酱又容易成为肠道病原微生物传播者——苍蝇的滋生地，一旦被污染上致病菌，就成为肠道病的传播媒介。

在酱类制品的生产加工、运输、储存和销售过程中，若卫生防护措施差，制品就会受到产膜性酵母的污染。在气温较高的季节，酱类制品生长一层白膜（即“生白”现象），会降低产品卫生质量，还可造成产品变质。

符合卫生要求的酱油应具有正常酿造酱油的色泽、气味和滋味，不浑浊，无沉淀，无霉花乳膜，不得有酸、苦、涩等异味和霉味。

酱油中加入的添加剂有防腐剂和色素，应按国家规定使用，严禁酱油加铵生产。

2. 食醋

食醋是以粮食、糖、酒等为原料，经醋酸菌的发酵作用酿造而成的。按制作方法不同，可分为合成醋、酿造醋、再制醋；按原料不同，可分为米醋、糖醋、果醋。

发酵的醋制成后必须加热将醋酸菌杀死，否则醋酸菌会被分解为二氧化碳和水。食醋中含醋酸 3%~5%，有芳香气味。食醋如果污染杂菌，则表面形成白色菌膜（也称“生醭”或“生白”），会降低醋的质量。如污染醋酸菌，则会生成纤维质半透明的厚皮膜，使醋的品质败坏。因此生产中必须保持清洁卫生，严格按操作规程的卫生标准和要求去操作，防止霉变和生长醋鳗、醋虱。正在发酵或已发酵的醋中如果发现有醋鳗和醋虱，可将醋加热至 72 ℃，维持数分钟，然后过滤。盛醋容器必须干净，并用蒸汽消毒。容器要尽量装满，不留空隙，封口严密。食醋陈酿时间要充足，否则其中氧化酶未被破坏会使醋混浊而影响质量。合成醋味道的刺激性较大，故规定其中的醋酸含量以 3%~4%为宜。

食醋中不得含有游离无机酸，不应与金属容器接触。醋中的铅、砷等重金属及黄曲霉毒素、细菌指标不能超过国家规定标准。

3. 食盐

食盐的主要卫生问题是质量不纯或混有对人体有害的物质，如钡盐、镁盐、氟化物、铅、砷等。

食用盐的主要成分是氯化钠（海盐、湖盐、井盐中含量不得低于 97%，矿盐中含量不低于 96%）。符合卫生要求的食盐应色白、味咸，无可见的外来杂物，无苦味、涩味，无异臭。

第二节　动物性烹饪原料的卫生

动物性食品的营养丰富，是微生物生长发育的良好培养基。据统计，动物性食品是引起细菌性食物中毒最多的食品。牲畜的某些传染病可传染给人（即人畜共患传染病），对人的危害较大，故必须加大卫生检验检疫和卫生管理的力度，保证肉品的卫生质量。

一、畜肉的卫生

1. 屠宰后畜肉的变化

屠宰后的畜肉，一般经过尸僵、成熟、自溶、腐败 4 个阶段的变化。成熟阶段为最佳食用期，肉质新鲜，肉组织比较柔软，富有弹性。煮沸后具有香气，味鲜，并易于煮烂。此阶段的畜肉如不烹制，又没有适宜的储藏条件，就会受到外界微生物的侵染，肉变得色暗、无光泽、丧失弹性，表面湿润而发黏，这意味着肉组织蛋白质分解成氨基酸后，进而产生了氮、二氧化碳、硫化氢等具有不良气味的挥发性物质。肉由自溶阶段开始腐败，微生物大量生长繁殖，肉失去食用价值，如果食用易引起食物中毒。

2. 冷冻肉的卫生

冷冻肉色泽、香味都不如鲜肉，但保存期长，冷冻肉可抑制或延缓大多数微生物的生长，但不能完全杀菌。如沙门氏菌在 –163 ℃可存活 3 天，结核菌在 –10 ℃的冻肉内可存活两年。冷冻肉长期在空气不流通的处所存放或已融化的部位会出现生霉、发黏现象。

冷冻肉解冻一般在室温下进行。在 20 ℃通风的状况下，使冷冻肉深层温度升高到 0 ℃，一昼夜可完成解冻。用温水浸泡解冻，会造成可溶性营养素的流失，并易遭微生物的污染。酶及氧化作用等因素还会使肉品感官性状发生变化，故冷冻肉解冻后应立即加工、食用。

3. 对加工肉制品原料肉的要求

原料肉必须具有标示合格的清晰的检验印戳。病死或腐败变质的、带有异味的、未经无害化处理的、患有寄生虫病的肉及急宰畜肉不得作为肉制品原料肉。

原料肉必须是无血、无毛、无粪便污物、无伤痕病灶、无有害腺体的鲜肉或冻肉。鲜肉指当日屠宰上市，在温度为 1 ℃左右条件下冷却或在室温下置放 24 小时以内的冷却肉。

4. 对病畜的处理

（1）炭疽。这是由炭疽杆菌引起的一种对人畜危害极大的传染病。病猪主要表现为局部炭疽，病变区肉质呈砖红色，肿胀变硬，人食入后可感染肠胃型炭疽。炭疽杆菌不耐热，60 ℃时即可被杀死，但形成芽孢后在 140 ℃高温下才能被杀死。所以，一旦发现炭疽病畜一律不准屠宰和解体，病畜应及时高温化处理或用深坑垫石灰的方法掩埋。

（2）口蹄疫。口蹄疫病毒可引起传染性极强的接触性传染病。其主要表现是病畜口腔黏膜或蹄部皮肤出现特征性水疱。只要发现有病畜，该群牲畜要全部屠宰，病变部位的肉要销毁。

二、禽肉的卫生

禽类屠宰后体表面的杂菌，如假单胞菌、变形杆菌和沙门氏菌等在适宜的条件下可以大量繁殖，引起禽肉感官性状的改变，以及腐败变质。由于禽肉表面的细菌约有 50%~60%能产生颜色，所以腐败的禽肉表面有各种色斑。冻禽在冷藏时腐败往往产生绿色，因为在冷藏温度下，只有绿色的假单胞菌能繁殖。禽体若未取出内脏，则腐败的速度更快。禽肉腐败变质的同时，也可伴有沙门氏菌和其他致病菌的繁殖，而且这些细菌往往会侵入肉的深部，食用前若不彻底煮熟煮透，就会引起食物中毒。

为了防止食物中毒的发生，要加强宰前、宰后的检查，根据情况做出处理。要采取合理的宰杀方法。比如改进鸡的屠宰工艺，可杜绝沙门氏菌等细菌的污染。

三、蛋类的卫生

鲜蛋的卫生问题主要是沙门氏菌污染和微生物引起的腐败变质。

蛋壳表面细菌很多。据统计，干净蛋壳表面约有 400 万 ~500 万个细菌，而脏蛋壳表面上的细菌则高达 1.4 亿 ~9 亿个，这些细菌来自产蛋禽类的泄殖腔和不清洁的产卵场所。

禽类往往带有沙门氏菌，以卵巢最为严重。因此，不仅蛋壳表面受沙门氏菌污染比较严重，而且蛋的内部也可能有沙门氏菌。水禽（鸭、鹅）的沙门氏菌感染率更高。为防止沙门氏菌引起食物中毒，不允许用水禽蛋作为糕点原料。水禽蛋必须煮沸 10 分钟以上才能食用。

鲜蛋的腐败主要是由于外界微生物通过蛋壳毛细孔进入蛋内造成的。一般先是蛋黄游动，然后是蛋黄散碎（即散黄），与此同时，蛋白质分解产生硫化氢、氨等，使蛋内变色和有恶臭气味。霉菌侵入蛋壳，使蛋壳内壁出现黑斑。如蛋破裂就会加速腐败。

以上各种腐败的表现均可在灯光下用照蛋法加以识别。

四、牛奶的卫生

鲜牛奶最常见的污染是微生物污染。这些微生物可来自乳牛的乳腺腔，也可来自挤奶人员的手，以及生产环境的空气、尘埃、飞沫及被污染的容器。还有人畜共患传染病及其他微生物的污染。

1. 微生物污染

一般情况下，刚刚挤出的牛奶中可能有各种微生物，但其中也含有一种抑菌物质——溶菌酶。因此刚挤出的奶中微生物的数量不会逐渐增多，而是逐渐减少。牛奶抑菌作用持续时间的长短与牛奶中存在细菌的多少和奶的储存温度有关。奶的菌数越少、储存温度越低，抑菌作用持续时间就越长，反之就短。抑菌作用持续时间越长，奶的新鲜状态保持越久。一般生奶（指刚挤出的、未消毒的奶）的抑菌作用在 0 ℃时可持续 48 小时，5 ℃时可持续 36 小时，10 ℃时可持续 24 小时，25 ℃时持续 6 小时，而在 30 ℃时仅能持续 3 小时。故奶挤出后应及时冷却，否则微生物就会大量繁殖，使奶腐败变质。变质的奶可引起理化性质的改变，如色泽、酸味、凝块等感官性状的变化，腐败菌分解蛋白质时，可产生恶臭味的吲哚粪臭素、硫醇及硫化氢等，使奶不能食用。

2. 致病菌污染

动物本身的致病菌通过乳腺进入奶中，然后通过奶感染人，这就是人畜共患传染病病原体，如牛型结核。牛患结核病如有明显症状，其乳中往往有结核菌，人如食用这种未彻底消毒的牛奶就可能染上牛型结核病。奶中查出结核菌的牛应淘汰。若牛的症状不明显，所产的奶经 70 ℃消毒 30 分钟后可用于制作乳制品。

另外，如奶中查出布氏杆菌应立即煮沸 5 分钟，再经巴氏消毒才能出售；奶中查出炭疽杆菌，不得食用；奶牛患有乳腺炎时，挤出的奶应即刻销毁。

健康牛产的奶也应消毒方能出售。

3. 奶的消毒

奶过滤后应立即进行消毒，目的是杀灭致病菌和可能使奶腐败变质的微生物。常用的消毒方法如下。

（1）巴氏消毒法。低温长时间加热，即在 62~63 ℃加热 30 分钟，可杀灭原有菌数 99.9%；高温短时间加热，即在 80~90 ℃加热 30 秒至 1 分钟，杀菌率也达 99.9%。奶经巴氏消毒后应立即冷却到 8 ℃以下存放，但时间不得超过 24 小时。

（2）煮沸消毒法。即将奶加热到煮沸（95 ℃）状态，但这样对奶的营养成分和性质有些影响，只适合家庭或中小型奶场使用。

（3）蒸汽消毒法。将牛奶装瓶加盖或装袋，放入蒸笼内加热，使奶温上升到 85~95 ℃，保持 3 分钟。此法消毒十分彻底。

消毒奶应呈乳白色或微黄色，无沉淀，无凝块，无杂质，具有牛奶应有的香味和滋味，无任何异味。

五、水产品的卫生

1. 鱼类的卫生

由于鱼肉含有较多的水分和蛋白质，酶的活性强且肌肉组织比较疏松、细嫩，给微生物的侵入、繁殖创造了极好的条件，故易腐败变质。

鱼体表面、鳃和肠道内有一定量的细菌，当鱼离开水时，从鱼皮下分泌出一种透明的黏液（也是一种蛋白质），可以保护机体。鱼死后不久，表面结缔组织分解，使鱼鳞脱落；眼球周围组织被分解，使眼珠下陷、浑浊无光。鱼鳃经细菌作用，由鲜红变成暗褐色，且很快产生臭味。同时鱼肠内微生物大量生长繁殖，产生气体，使腹部膨胀，肛门处的肠管脱出，若将鱼放在水中，则鱼体上浮。鱼脊骨旁的大血管被分解而破裂，周围出现红色。随着细菌侵入深部，肌肉被分解而破裂并与鱼骨脱离（俗称离骨），有腥臭味，这表明鱼已严重腐败，不可食用。

保鲜是保证鱼类质量的主要措施。可用低温法和食盐法保鲜。通过抑制组织蛋白酶的作用和微生物的繁殖，可以延长鱼尸僵期和成熟期的时间。低温保鲜有冷却和冷冻两种方式。冷却是使温度降至 –1 ℃左右，使鱼体冷却，一般可保存 5~14 天。冷冻是在 –25~–40 ℃环境中使鱼体冻结，此时酶和微生物均处于休眠状态，保存期可达半年以上。

2. 虾、蟹的卫生

鲜虾体形完整，外壳透明光亮，体表呈青白色或青绿色，清洁，无污秽、黏性物质，须足无损，蟠足卷体，头胸节与腹节紧连，肉体硬实、紧密而有韧性，断面半透明，内脏完整，无异味。

当虾体死后或变质分解时，头脑节末端的内脏易腐败分解，使腹节的连接变得松弛易脱落。虾体在尸僵阶段可保持死亡时伸张或卷曲的固有状态，进入自溶阶段后，组织变软，失去躯体的伸屈力。虾体将近变质时，甲壳下一层分泌黏液的颗粒细胞破裂，大量黏液渗至体表，失去虾体原有的干燥状态；当虾体变质分解时，甲壳下真皮层含有以胡萝卜素为主的色素质，与蛋白质分离产生虾红素，使虾体泛红，表明已接近变质。严重腐败时，有异味，不能食用。

螃蟹喜食动物尸体等腐烂性食物，胃肠中常带有致病菌和有毒杂菌，螃蟹死后这些病菌便会大量生长繁殖。螃蟹体内含有较多的组氨酸，组氨酸易分解，在脱羧酶的作用下，产生组胺和类组胺物质。组胺是有毒物质，食后会造成组胺中毒。

3. 贝类的卫生

动物界中的软体动物因大多数具有贝壳，故通常称之为贝类。贝类品种很多，包括海产的鲍、蛏、牡蛎、乌贼、泥螺、贻贝，淡水的螺、蚌等。它们含有丰富的蛋白质，味道鲜美，受到人们的青睐。

贝类可被水域中的多种生物污染。如一些藻类含有神经毒素，当水域中此种藻类大量繁殖形成所谓“赤潮”时会污染贝类，但因毒素在其体内呈结合状态，所以对贝类本身并无危害，而人食用贝肉后，毒素迅速释放引起中毒。

副溶血性弧菌是分布极广的海洋细菌，污染贝类及海鱼等海洋生物，此菌的繁殖速度快，8 分钟即可繁殖一代。刚捕捞的新鲜乌贼如果被污染在短时间内就会含有大量细菌，食用后可能发生食物中毒。

如养殖水域受病原生物的污染，贝类体内会浓缩积聚病原生物，其浓度要比水域中病原生物的浓度高几百倍甚至几千倍。也就是说，贝类不仅受多种生物的污染，而且其体内携带的病原生物的数量也极多。

食用方法不当是引起贝类食物中毒的重要原因。若仅用开水烫一下，剥开贝壳，取出贝肉蘸上调料就吃，大量有害生物未被彻底杀灭，与贝肉一起进入人体，则食物中毒的发生就在所难免。

第三节　食品添加剂的使用

食品添加剂是指食品生产、加工、保存等过程中添加和使用的少量化学合成物质或天然物质。食品添加剂必须无害和不影响食品的营养价值。

添加剂的使用是为了改善食品的感官性状，或控制食品中微生物的繁殖，或防止食品在储存过程中变色、变味，或满足食品加工工艺过程的特殊需要。

一、食品添加剂的使用原则

食用添加剂不是食品，多系化学物质，有些具有毒性，所以在使用上尽可能不用或少用，必须使用时应严格控制使用范围和使用量。在食品卫生标准所规定的范围和使用量标准内，使用食品添加剂不会危害健康，但要注意以下几点。

（1）使用添加剂的目的在于保持和改进食品质量，不得破坏和降低食品的营养价值。

（2）添加剂不得用于掩盖食品的缺陷（变质或腐败），或用于粗制滥造欺骗消费者。

（3）使用添加剂的目的在于减少食品消耗，改进储存条件，简化工艺，不能因使用了添加剂而降低加工工艺和卫生要求。

食品添加剂都是由符合资质的单位生产的，产品质量必须符合要求。食品添加剂与一般化工产品在标志、标签上都有所区别，使用时应多加注意。

二、食品添加剂的种类及使用要求

1. 禁止使用的食品添加剂

主要有甲醛、硼酸、硼砂、β－萘酚、水杨酸、硫酸铜、黄樟素、香豆素、加铵焦糖色等。

2. 允许使用的食品添加剂

食品生产加工中常用的食品添加剂主要有以下几种。

（1）甜味剂。甜味剂主要有两类。

1）人工甜味剂。

①糖精。糖精的甜度相当于蔗糖的300~500倍。使用时用量不能大，否则有金属苦味。我国规定糖精或其钠盐在食品中的用量为0.15克/千克。糖精一般只用于清凉饮料及蜜饯凉果。婴幼儿食品不得使用糖精。糖精只有甜味，没有任何营养价值，在体内不改变酶系统的活性，也不影响维生素的利用。人类使用糖精的历史已经有几十年，尚未发现因食糖精引起的中毒事件。

②天门冬酰苯丙氨酸甲酯，又称甜味素、阿斯巴甜。其为白色粉末，甜度为蔗糖的150~200倍，食后在体内分解成相应的氨基酸。目前我国准许在汽水、乳酸饮料等食品的生产中使用。

③三氯蔗糖，又称蔗精素。其是强力甜味剂。其甜度约是5%蔗糖溶液的600倍，甜味纯正，类似蔗糖，无苦味。在某些食品加工特别是饮料生产中可以完全替代蔗糖。目前使用三氯蔗糖生产的食品有焙烤食品、水果冰激凌、雪糕、饮料、固体饮料、果冻、果酱、乳制品、口香糖等。

2）天然甜味剂。近年来在国内使用广泛，主要有以下几种。

①甘草。甜味成分是甘草酸，甜度为蔗糖的200倍，对人无害。

②甜菊糖苷。它是从甜叶菊的叶和茎中提取后浓缩的，甜度是蔗糖的300倍，无毒性。

（2）食用酸。常用的食用酸有柠檬酸、乳酸、醋酸、乙酸、富马酸、柠檬酸钠、酒石酸、偏酒石酸等。使用量可根据需要而定。因为食用酸能参与体内正常代谢，所以在适当使用剂量下对人体无害。食用酸多用在汽水、糖果、罐头、饮料、干酪、果冻及谷类食品生产中。

（3）着色剂。着色剂按来源和性质可分为天然食用色素和人工合成色素两大类，主要用在各种饮料、糖果、蜜饯等的生产中。选用色素时，除考虑毒性外，还应考虑该种色素加入食品后，对阳光、热、金属及酸、碱的稳定性。

1）天然色素种类繁多，来源于某些食物或微生物色素，以及植物的叶、壳，经提取浓缩后大多为复合物，不需提纯，一般毒性较低或无害。采用天然色素是当前食品生产的大趋势。

2）人工合成色素常用的有以下几种。

红色：苋菜红、胭脂红、赤藓红、新红等，用量为0.05克/千克。

黄色：柠檬黄、日落黄，用量为0.1克/千克。

蓝色：靛蓝，用量为0.1克/千克；亮蓝，用量为0.025克/千克。

按规定，以上色素可用于果蔬汁（肉）饮料、配制酒、蜜饯凉果、装饰性果蔬、盐渍的蔬菜、糕点彩装等的生产。

3）色素的配合。单一色素一般很难达到食品对色调的要求，几种色素配合使用是常用的方法。配合使用时，其比例皆不能超过规定的使用量。如三种人工合成色素配合，每一种使用量不能超过单种规定使用量的 1/3。

（4）发色剂。发色剂主要是硝酸盐和亚硝酸盐。其水溶液俗称硝水，常用于肉类的腌制，目的是使制品在烹调后能显现出鲜艳的淡玫瑰红色。另外，亚硝酸盐能抑制肉毒杆菌的繁殖并具有一定的防腐作用。常用于硝水配制的是硝酸钠（皮硝）或硝酸钾（火硝）。在食品工业中，为了显色快，还使用亚硝酸钠或亚硝酸钾。硝酸钠在肉制品中经细菌的还原作用，可使硝酸盐变成亚硝酸盐。在一定条件下，亚硝酸盐在食品中或摄入人体后可与胺类形成致癌物亚硝胺。为阻断亚硝胺的生成，防止肉类产品褪色，在加入硝酸盐或亚硝酸盐的同时可加入一定量的维生素 C。

我国规定硝酸盐的用量不得超过 0.5 克 / 千克；若使用亚硝酸盐，用量不得超过 0.15 克 / 千克。

（5）食品膨松剂。食品膨松剂主要用于面点食品制作，把其加入面粉中，烘烤时会分解产生二氧化碳，使食品呈密集的多孔组织结构，达到疏松、膨胀的效果。膨松剂主要有两类。

1）碱性化合物。碱性化合物主要有碳酸氢钠、碳酸铵、碳酸氢铵（俗称食用臭粉、臭碱）。其受热后产生气体，使食品膨松。此类膨松剂分解产物易挥发，在食品中残留很少，或为正常食品成分，在正常使用量范围内对人无害。但如用量过大，食品中可残留碳酸钠或碳酸铵，使食品呈碱性或有氨气的气味，并破坏维生素。

2）复合膨松剂（如发酵粉）。复合膨松剂一般由碱剂（碳酸盐类）、酸剂（酸性盐类）与淀粉制成。烘烤时酸剂与碱剂发生反应，释放出二氧化碳，酸剂可中和残留的碱性物质。

（6）漂白剂。漂白剂是使食品中的有色物质经化学处理而褪色的物质，有氧化剂和还原剂两类，也可用活性炭吸附脱色。

我国准许在食品中使用的漂白剂有亚硫酸钠、低亚硫酸钠、焦亚硫酸钠，这些漂白剂皆属于还原性漂白剂，使用后有亚硫酸残留，可用于蜜饯、饼干、罐头、葡萄糖、蘑菇、冰糖、饴糖、糖果、竹笋等的生产。漂白后，在竹笋、蘑菇中二氧化硫残留量不得超过 25 毫克 / 千克，在食糖、粉丝、罐头中不得超过 50 毫克 / 千克。二氧化硫和亚硫酸盐也可用于保存酸性水果和蔬菜，对霉菌和酵母菌有抑制作用，加工食品时往往被作为非酶褐变的抑制剂。

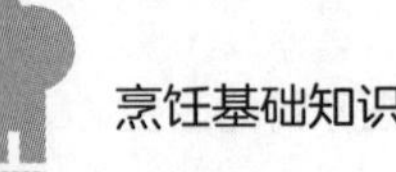

其他食品添加剂还有消泡剂、乳化剂、品质改良剂、抗结剂、香料、保鲜剂等，使用量及要求可参阅有关食品添加剂国家标准。

第四节　食品营养强化剂的使用

食品的强化就是将一种或几种营养素加到某种食物中去，改善或提高该食物的营养价值，达到规定的质量要求。经过这样加工的食物称为强化食物，加入的营养素称为营养强化剂。

营养强化剂是指为增强营养成分而加入食品中的天然或者人工合成属于天然营养素范围的食品添加剂。营养强化剂必须是营养物质，而不是在食品中加入药物或其他化学物质。

一、营养强化剂的使用原则

1. 营养强化要有针对性

要仔细选择食用对象。必须通过可靠的资料证明某些人群的某些疾病确是由于某种营养素摄入不足所引起的，才可以考虑为这类人群提供强化食物。研制强化食物时，要针对实际需要进行配方设计。

2. 营养强化剂的使用量要符合标准

营养强化剂的用量太少，达不到强化的目的，不足以预防营养素缺乏症。加入量过多，不但造成浪费，还会引起营养素之间的不平衡，造成其他疾患，危害人体健康。因此强化剂的用量要严格遵守规定标准，不应超过人体实际需求。

3. 选择适宜的食物载体

要选择适于加入营养素的媒介食物。如儿童的强化食品就应是儿童经常食用，且一般情况下食用量稳定的食物，这些食物便于向其中加入营养素，并能保持营养素的稳定，不致其被破坏，且不干扰加入营养素的利用。

4. 注意强化剂在食品中的保存率

有些强化剂不稳定，遇到热、光和氧等外界因素就会被破坏，在加工过程及储藏过程中可能会有部分损失。为此，在添加剂用量上要考虑可能损失的数量。

5. 卫生可靠，经济合理

对强化剂的选择必须慎重，规格、质量必须符合标准，不可添加非食用物质。强化剂有一定的规格要求，要严格按要求去做。

二、强化食品种类

1. 强化谷类食品

（1）添加赖氨酸与大豆粉，以维持谷类食品中氨基酸的平衡。

（2）谷类精加工过程中失去了大量的营养成分，故在精白米（面）中强化维生素 B_1、维生素 B_2，以及无机盐如钙和铁。

2. 强化调味品

（1）强化食盐。食盐是人们每日使用的调味品，在食盐中强化某些必需的营养素可保证人体的摄入，如在食盐中增补碘（即市售的碘盐）。

（2）强化酱油。酱油也是广泛食用的调味品，一般以强化维生素 B_1 和维生素 B_2 为主，尤以强化维生素 B_1 为多见。

3. 强化饮料

果汁类饮料主要的营养成分为维生素 C。为了满足不同人群的营养需要，可以进行维生素 C 强化。此外，对于固体饮料、软饮料还可适量强化铁、锌或维生素 D。

三、常用营养强化剂

1. 维生素类强化剂

维生素是食品中应用最早的一种强化剂，也是目前国际上应用最多的一大类强化剂。

（1）维生素 A 或 β－胡萝卜素适用于强化人造黄油、植物油、乳制品、乳粉，添加时要注意强化剂量并预防氧化。

（2）维生素 D 适用于强化奶及乳制品、人造黄油、乳粉、植物油及饮料。

（3）维生素 B_1 和维生素 B_2 适用于强化谷类食品、面包、饼干、乳粉等。

（4）维生素 C 适用于强化饮料（果汁、蔬菜汁）、水果罐头、固体饮料等。

2. 无机盐类强化剂

（1）钙多用于强化婴幼儿食品、儿童食品，可用碳酸钙、蛋壳、磷酸氢钙以及骨粉等。也用于强化老年食品、保健食品等多种成人食品。

（2）铁用于强化婴幼儿奶粉、固体饮料、调味品、糖果等，要掌握好用量。常用的有硫酸亚铁、乳酸亚铁，也可用血红素铁。

（3）锌用于强化婴幼儿食品及食盐、固体饮料。可用硫酸锌、葡萄糖酸锌等。

（4）碘用于强化盐。一般用碘化钾，强化粗盐较稳定。

3. 蛋白质、氨基酸

蛋白质用于强化饼干、面包、谷类制品及婴幼儿代乳粉等。常用的有大豆蛋白质、脱脂奶粉和乳清粉、鱼粉、棉籽蛋白、花生蛋白等。

氨基酸主要用于强化谷类制品、面包、饼干、肉代用品等。

第五章

饮食卫生要求

第一节　个人卫生要求

从事食品工作的人员天天接触食品，个人卫生的好坏直接或间接影响着食品卫生质量。因此，从事食品工作的人员必须讲究个人卫生。

一、接受定期身体检查

《中华人民共和国食品安全法》规定，从事接触直接入口食品工作的食品生产经营人员应当每年进行健康检查，取得健康证后方可上岗工作。定期检查身体（1 年或半年 1 次），不但在公共卫生方面具有重要意义，而且对职工本身也是一项保护措施。

影响食品卫生质量的疾病，有痢疾、伤寒、病毒性肝炎、活动性肺结核、化脓性或渗出性皮肤病等。另外，其他有碍食品卫生的疾病还有流涎症状、肛门漏、膀胱漏、腹泻等。在健康检查中发现患有上述疾病的人员，不得安排其参加直接入口食品的生产。患有疾病的人员要及时就诊治疗，痊愈后凭治疗单位出具的证明方能继续参与食品生产。

二、养成良好的个人卫生习惯

1. 坚持“四勤”

要勤洗手和剪指甲，勤洗澡和理发，勤洗衣服和被褥，勤换工作服和毛巾。要保

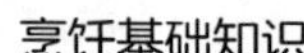

持卫生、整洁的仪表。

保持手的清洁对食品业从业人员尤为重要。手在一天生活中接触的东西很多，梳头、穿衣、点钱、翻书看报、做饭、吃东西、上厕所等都离不开手。所以，必须要保持手的清洁。要做到工作前和便后用肥皂或洗手液等洗手，洗手应按正确步骤进行。接触直接入口食品的人员，应做好手的消毒，不得用手抓取直接入口的食品。

2. 严格遵守作业场所卫生规程

食品业从业人员在工作期间严禁在操作间内吃东西、抽烟或随地吐痰；不能挖鼻孔、掏耳朵、剔牙；不允许对着食品打喷嚏；不用勺子直接品尝食品（品尝的勺、碟专人专用）。另外，食品加工人员的私人物品应放在更衣室内，不得带入操作间，以防异物污染食品。

冷餐原料切配时，操作人员应戴口罩。

制作食品时个人用的擦手布要随时清洗，不能一布多用，以免交叉污染。消毒后的餐具不要再用抹布擦拭。

操作时不戴戒指、手镯、手表，更不允许涂指甲油。

3. 养成良好的操作卫生习惯

如实行切配和烹调双盘制；配料的水盒要定时换水；案板、菜墩用后及时刷洗，并要立放；油盆（或罐）要新、老油分装等。

4. 遵守职业道德

积极参加卫生知识培训，不断提高卫生知识水平。同时，还要不断地提高思想素质，遵守职业道德，这些是做好个人卫生的保证。

第二节　烹饪环境卫生

食品制作、销售企业（食品加工厂、饭店等）的卫生除包括食品质量的卫生、食品工作人员的个人卫生外，还包括作业场所环境卫生。环境卫生包括外环境卫生和内环境卫生。做好外环境卫生工作，首先要考虑的是远离有毒有害物质污染源，如工厂产毒点、产尘点，以及粪场、垃圾堆等。做好内环境卫生包括做好采光、通风、排烟、防尘、污水处理，以及消灭有害蚊虫等卫生工作。

一、作业场所设置的卫生要求

作业场所设置必须符合国家城乡规划卫生要求和相关法律法规要求。水源要好，符合饮水卫生要求；无任何有害物质的污染；自然条件良好，空气新鲜，地势高，利于排水；利于排烟、排气，通风良好，符合卫生法规要求。

二、厨房的卫生要求

厨房包括初加工间、切配间、冷菜间、烹调操作间、面点和主食间、洗涤间，以及出菜和回收餐具窗口等。初加工间要与切配间相连并隔开，切配间要与烹调间相连并隔开。冷菜间又称熟食间，一定要和切配间分开设置，间内要有防尘、防蝇、防虫设备。面点间最好与设有蒸灶的主食间相连。

厨房的上、下水设施十分重要，应按国家环境卫生法规要求设计、使用。厨房下水道要有单独的阴沟，并设油水分离装置。

厨房的冷藏设备宜配备两套，一套在切配间，另一套在冷菜间，要防止生熟食品的交叉污染。

三、餐厅的卫生要求

餐厅卫生包括两个方面，一是日常清洁卫生，二是餐厅用餐环境的卫生。

卫生工作的范围涉及地面、桌面、墙壁、门、玻璃窗等的清洁。卫生工作的重点是清除地面、桌面的油污，保持座位排列整齐。餐厅卫生工作要经常化、制度化、标准化。严禁在顾客用餐尚未结束时开始卫生工作。另外，要通过卫生工作为顾客创造良好的用餐环境。

四、储藏室的卫生要求

烹饪原料的储藏、保管是一项细致的工作，保管人员应认真做好储藏室的卫生工作。

储藏室应通风、干燥、防霉，无虫害；不同种类的原料应分类存放；食品与非食品分别存放；成品与半成品分别存放；短期存放与较长时间存放的食品分别存放；易吸附异味的食品要设隔离间单独存放。

特别要注意，储藏室只能储藏烹饪原料，决不能堆放药物（如鼠药等）及其他对人体有害的物品。

五、冷藏设备的卫生要求

食品冷藏前质量必须新鲜，无污染，取用时应本着先进先出的原则。冷藏温度不能忽高忽低，冷藏库（室）开启不要过于频繁，应设专人存取货物。冷藏室内严禁存放药品和杂物，以防污染食品或发生误食。长期冷藏的原料应定期检查，如肉是否腐败、油脂是否酸败、植物性原料有无霉变现象等。冷藏器械要定期清洗和定期除霜、消毒，彻底消除有害微生物污染。

六、烤炉及洗碗机等机械用具的卫生要求

选购机械用具时，要选用食品专用机械用具。构件材料不得含毒性且要耐腐蚀，不得影响食品的颜色、气味、风味和营养成分。保持烤炉和烤盘的卫生，随时清洁，每天可用食用油脂擦盘，以免生锈。洗碗机要按程序作业。即使比较简易的洗碗机也必须保证洗涤效果，洗后的餐具要无菌、无残留物，符合清洁卫生的要求。

七、灭鼠与除虫

1. 灭鼠

消灭鼠害是做好烹饪卫生工作的重要环节。可采用的灭鼠方法主要有以下三种。

（1）生态学灭鼠，又称间接灭鼠或防鼠，主要是改变或破坏鼠类赖以生存的条件。可采用多设防鼠设备经常进行搬家式大扫除等方法，这是灭鼠工作中极为重要的一种方法。

（2）器械灭鼠，主要是利用食物作为诱饵，按照力学平衡及杠杆原理制造捕鼠器械，如鼠夹、鼠笼等。这种方法对人畜安全，器械结构简单，极易推广，特别适合饭店、食品生产企业、食品仓库的灭鼠。

（3）药物灭鼠，即采用化学毒饵灭鼠。这是目前广泛使用的方法之一。其基本要求是毒饵对鼠类毒性强，对人畜的毒性小，毒饵的适口性好，价格便宜，可推广。目前常用的灭鼠药物有磷化锌、敌鼠（又称敌鼠钠）、灭鼠灵、安妥、三氯硝基甲烷、

二氧化硫等。厨房、餐厅及食品仓库一般不使用此法灭鼠。

2. 灭蝇

苍蝇不仅传播疾病，还影响人的活动、休息，对人类危害极大。消灭苍蝇必须标本兼治。治标就是扑杀成蝇或灭蛹、杀蛆；治本就是改造厕所，搞好环境卫生，消灭苍蝇的滋生地。

3. 灭蟑螂

防治蟑螂的根本方法是搞好厨房、餐厅、仓库的室内卫生，经常进行搬家式大扫除，以防止蟑螂的滋生。另外，可将蟑螂灭绝王或敌百虫加入诱饵以毒杀蟑螂，也可以用市售蟑螂笔划线捕杀等多种方法，彻底消灭蟑螂。

第三节　食品容器、餐具的洗涤与消毒

一、食品容器的洗涤与消毒

食品容器用于盛放原料、半成品、成品，也用于盛装直接入口的食品。因此，在食品生产经营过程中，保持食品容器的清洁卫生十分重要。

食品容器清洗的基本要求是及时清洗，未清洗的不交班、不接班。

常用的清洗方法包括：用热水冲刷；用酸、碱或其他符合卫生要求的洗涤剂刷洗。对洗涤剂的要求是洗涤性能强，能充分分解、乳化疏水性的油脂，本身具有一定亲水性，易被水冲掉；在容器上的残留量对人体安全；排放后易被分解，不会造成对环境的污染。

食品容器卫生实行“四过关”制，即“一洗，二刷，三冲，四消毒”。

二、餐具的清洗与消毒

1. 清洗

先将餐具上的残渣污物刮除干净。刮除残渣既有去除剩余物的作用，也有提高化学洗涤剂效果、降低洗涤剂浓度、缩短浸泡时间、增强洗涤效果的作用。刮除残渣后，用热碱水或者符合要求的表面活性剂等洗涤剂洗刷，再用水冲洗，冲掉餐具内外附着

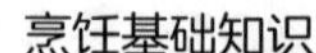

的残渣、油秽及洗涤剂。

以上即通常说的“一刮，二洗，三冲”的餐具清洗程序。这三步清洗程序要分别进行，即“三池分开”。

2. 消毒

对洗净的餐具进行消毒，其目的是为了杀灭餐具上可能还存有的致病细菌和寄生虫卵。消毒的方法很多，常用的有加热消毒法和化学药物消毒法。

（1）加热消毒法。常用的有煮沸消毒和蒸汽消毒两种方法。

煮沸消毒：将洗净的餐具放在筐篓内，连筐篓一起放在开水中煮沸 3~5 分钟后，将筐篓提起沥干，把餐具放在清洁的碗柜内保存或用洁净的纱布遮盖备用。此种方法效果好，简便易行，适宜于中小型餐馆、食堂和家庭。

蒸汽消毒：蒸汽消毒强度高，杀菌力强，效果好，一次消毒容量大，简便实用。目前餐饮企业多采用蒸汽消毒柜和消毒车等消毒设备。蒸汽消毒柜、消毒车多为非高压的流通蒸汽消毒。要注意的是消毒柜和消毒车的密闭性，一旦漏气要及时维修，保证消毒温度不低于 95 ℃，消毒时间不少于 15 分钟。

（2）远红外线消毒法。远红外线有良好的热效应，热能直接由电磁波产生，不需介质传导，故升温快，有利消毒。远红外线最易被物品吸收，所以热效应也最好，适用于导热较好、比较平坦的污染面的消毒。操作时最好采用多面照射，这样光源强，效果好。用远红外线烤箱消毒，最高温度可达 200 ℃，用于餐具消毒的温度为 120 ℃，经 20 分钟即能达到满意效果。

（3）餐具清洗消毒机。这是一种快速清洗、大批量餐具消毒的新型器械。它利用机械冲洗和洗涤剂、高温对餐具进行加压喷淋、高温（80~90 ℃）清洗、消毒（有的加消毒剂）。整个过程（一洗、二清、三消毒）仅需 1 分钟，每小时可洗餐具 3 000~5 000 件。

餐具清洗消毒机采用自动控制，使用十分方便，能减轻劳动强度，节约时间，减少餐具破损，是餐具消毒的理想工具。

（4）化学溶剂消毒。应用化学消毒剂可以对不耐热餐具、茶具进行消毒。选择消毒剂时应注意以下问题：消毒剂对消毒操作人员的身体应无伤害作用；餐具消毒后经冲洗应容易去除消毒剂残留；按规定程序操作，消毒效果应可靠；应符合安全性毒理学试验要求。

经常使用的化学消毒剂有很多种类，下面介绍几类常见品种。

1）含氯制剂消毒溶剂（漂白粉和漂白粉精）。漂白粉的主要成分为次氯酸钙、氯化钙、氧化钙，含有效氯 25% ~32%。它在空气中吸收水分与二氧化碳后可分解，遇阳光、热、潮湿等反应加快，易结块，对物品有漂白与腐蚀作用，价格便宜。漂白粉使用浓度为 0.1% ~0.2%，餐具在此浓度的溶液中浸泡 5~10 分钟即可达到消毒的目的。漂白粉溶液要现用现配。

漂白粉精（又称次氯酸钙）是白色有氯臭气的粉末，较漂白粉性质稳定，含有效氯 60% ~65%，有较强的腐蚀与漂白作用。

另外，消毒时还常用次氯酸钠、氯亚明等氯制剂。它们对细菌繁殖体、病毒、真菌孢子及细菌芽孢都有杀灭作用。使用时应按照规定要求兑制，取澄清液以浸泡、擦抹、淋洒等方式进行消毒。

2）过氧化物制剂消毒溶剂。这类消毒剂主要有过氧乙酸、过氧化氢等。其杀菌原理是利用氧化作用，使酶失去活性，导致微生物死亡。其特点是杀菌范围广，杀菌力强，分解快，无残留，使用和兑制方便，对物品有漂白和腐蚀作用。

市售过氧乙酸浓度多在 20%左右，常用消毒浓度为 2‰ ~10‰。

3）醇类消毒剂。这类消毒剂常用的有乙醇、异丙醇、乙二醇等。乙醇（酒精）为无色透明液体，有强烈的酒味，易挥发，可燃烧。市售消毒酒精浓度一般不低于 94.5%，与水能作任意比例混合。乙醇对细菌繁殖体、病毒与真菌孢子有杀灭作用，对细菌芽孢无效。65% ~75%的乙醇，5 分钟可杀死细菌繁殖体和结核杆菌，但对肝炎病毒效果不好。用乙醇浸泡或擦拭消毒，稀释到 65% ~75%效果最好。

4）季铵盐类消毒剂。这是一种阳离子表面活性剂，低浓度下有抑菌作用，较高浓度时可杀灭大多数细菌繁殖体与部分病毒。季铵盐类消毒剂性质稳定，耐热、耐光，无污染、无腐蚀，毒性低，但杀菌效果较差，价格较高。常用的季铵盐类消毒剂主要有新洁尔灭、度米芬等，常用浓度为 1% ~5%。

5）含碘消毒剂。碘元素直接作用于菌体蛋白质，可产生沉淀作用，使微生物死亡。此类消毒剂毒性低，可用于食品的消毒。

第四节　食品卫生法规及卫生管理制度

一、中华人民共和国食品安全法

《中华人民共和国食品安全法》（以下简称《食品安全法》）是为了保证食品安全，

保障公众身体健康和生命安全而制定的法律。其主要内容包括：食品安全风险监测和评估、食品安全标准、食品生产经营、食品检验、食品进出口、食品安全事故处置等。

1. 食品安全负责人

《食品安全法》规定，食品生产经营者对其生产经营食品的安全负责。食品生产经营者应当依照法律、法规和食品安全标准从事生产经营活动，保证食品安全，诚信自律，对社会和公众负责，接受社会监督，承担社会责任。

2. 食品生产经营基本要求

《食品安全法》第 33 条规定，食品生产经营应当符合食品安全标准，并符合下列要求：

（1）具有与生产经营的食品品种、数量相适应的食品原料处理和食品加工、包装、储存等场所，保持该场所环境整洁，并与有毒、有害场所以及其他污染源保持规定的距离。

（2）具有与生产经营的食品品种、数量相适应的生产经营设备或者设施，有相应的消毒、更衣、盥洗、采光、照明、通风、防腐、防尘、防蝇、防鼠、防虫、洗涤以及处理废水、存放垃圾和废弃物的设备或者设施。

（3）有专职或者兼职的食品安全专业技术人员、食品安全管理人员和保证食品安全的规章制度。

（4）具有合理的设备布局和工艺流程，防止待加工食品与直接入口食品、原料与成品交叉污染，避免食品接触有毒物、不洁物。

（5）餐具、饮具和盛放直接入口食品的容器，使用前应当洗净、消毒，炊具、用具用后应当洗净，保持清洁。

（6）储存、运输和装卸食品的容器、工具和设备应当安全、无害，保持清洁，防止食品污染，并符合保证食品安全所需的温度、湿度等特殊要求，不得将食品与有毒、有害物品一同储存、运输。

（7）直接入口的食品应当使用无毒、清洁的包装材料、餐具、饮具和容器。

（8）食品生产经营人员应当保持个人卫生，生产经营食品时，应当将手洗净，穿戴清洁的工作衣、帽等；销售无包装的直接入口食品时，应当使用无毒、清洁的容器、售货工具和设备。

（9）用水应当符合国家规定的生活饮用水卫生标准。

（10）使用的洗涤剂、消毒剂应当对人体安全、无害。

（11）法律、法规规定的其他要求。

3. 违禁食品

《食品安全法》第 34 条规定，禁止生产经营下列食品、食品添加剂、食品相关产品：

（1）用非食品原料生产的食品或者添加食品添加剂以外的化学物质和其他可能危害人体健康物质的食品，或者用回收食品作为原料生产的食品。

（2）致病性微生物，农药残留、兽药残留、生物毒素、重金属等污染物质以及其他危害人体健康的物质含量超过食品安全标准限量的食品、食品添加剂、食品相关产品。

（3）用超过保质期的食品原料、食品添加剂生产的食品、食品添加剂。

（4）超范围、超限量使用食品添加剂的食品。

（5）营养成分不符合食品安全标准的专供婴幼儿和其他特定人群的主辅食品。

（6）腐败变质、油脂酸败、霉变生虫、污秽不洁、混有异物、掺假掺杂或者感官性状异常的食品、食品添加剂。

（7）病死、毒死或者死因不明的禽、畜、兽、水产动物肉类及其制品。

（8）未按规定进行检疫或者检疫不合格的肉类，或者未经检验或者检验不合格的肉类制品。

（9）被包装材料、容器、运输工具等污染的食品、食品添加剂。

（10）标注虚假生产日期、保质期或者超过保质期的食品、食品添加剂。

（11）无标签的预包装食品、食品添加剂。

（12）国家为防病等特殊需要明令禁止生产经营的食品。

（13）其他不符合法律、法规或者食品安全标准的食品、食品添加剂、食品相关产品。

二、饮食卫生“五四”制

《食品加工、销售、饮食卫生“五四”制》通俗易懂且易操作，直至今日仍然是餐饮企业卫生管理中必须执行的卫生制度。其基本内容包括以下几方面。

（1）由原料到成品实行“四不”制度，即采购员不买腐烂变质的原料，保管验收员不收腐烂变质的原料，加工人员（厨师）不用腐烂变质的原料，营业员（服务员）不卖腐烂变质的食品（零售单位不收腐烂变质的食品，不用手拿食品，不用废纸、污物包装食品）。

（2）成品（食品）存放实行“四隔离”，即生与熟隔离，成品与半成品隔离，食

品与杂物隔离，食品与天然冰隔离。

（3）用（食）具实行“四过关”，即一洗、二刷、三冲、四消毒。

（4）环境卫生采取“四定”办法，即定人、定物、定时间、定质量。划片分工，包干负责。

（5）个人卫生做到“四勤”，即勤洗手剪指甲，勤洗澡理发，勤洗衣服被褥，勤换工作服。

贯彻《食品加工、销售、饮食卫生“五四”制》要与企业内部的岗位责任制结合起来，把《食品加工、销售、饮食卫生“五四”制》的原则落实到饮食行业各个环节的具体工作程序之中，使其成为更具体的操作规程。目前，餐饮企业自身也开始同国际接轨，饮食营养与卫生的观念也逐渐转变，不仅要防止食物中毒，还要关注膳食中潜在的危害因素；不仅要关心人类的健康，更要树立生态环境保护意识。

第六章

人体所需营养素和热量

第一节　人体所需营养素

通常把糖类、脂类、蛋白质、维生素、无机盐和水称为人体所必需的营养素。蛋白质在人体内最为重要，是生命的物质基础。糖类是人体所需热能的来源。脂类参与人体生理活动，是体内能源的“仓库”，是糖类物质的“后备军”。水、无机盐构成一种盐溶液，维护人体的内环境，使细胞生活在稳定的环境里并参与生理功能的调节。维生素在体内物质代谢中发挥着调节作用。

以上人体所必需的营养素来自食物。人们必须从食物中合理选取各种营养素，不可偏取某一种，从而确立营养平衡。确立膳食中营养素的供给量和生理需要量之间的动态平衡关系，才能达到饮食营养维持人体健康的最终目的。

下面分别介绍六大营养素。

一、糖类

糖类是人体所必需的营养素之一，是在自然界分布最广、含量最丰富的有机物。人类食物中的糖主要依靠植物性食物供给。绿色植物利用水、二氧化碳和光能通过光合作用合成糖。糖由碳、氢、氧 3 种元素构成，其分子式通常以 $C_n(H_2O)_n$ 表示。由于大部分糖的分子中氢与氧之比往往是 2∶1，刚好与水分子中氢与氧原子数之比相同，故糖有碳水化合物之称。随着科学的发展，人们发现有些不属于糖类的物质，如甲醛

（CH_2O）、乳酸（$C_3H_6O_3$）、乙酸（$C_2H_4O_2$）等，它们的分子也是同样的元素组成比例，而另一些属于糖类的物质，如鼠李糖（$C_6H_{12}O_5$）、脱氧核糖（$C_5H_{10}O_4$）等，则不符合这一比例，所以用碳水化合物这一名词指代糖类是不准确的。不过，由于该说法沿用已久，约定俗成，所以至今仍广泛使用。

1. 糖类的分类

糖类是以其水解情况分类的。凡是不能水解成更小分子的糖为单糖；凡能水解成少数（2~10个）单糖分子的糖为寡糖（又名低聚糖），其中以双糖形式存在最为广泛；凡能水解为多个单糖分子的糖为多糖。

（1）单糖。分子式为$C_6H_{12}O_6$，为结晶体，易溶于水，难溶于酒精。它是糖类的基本组成单位，不能再水解成更小的糖分子。其中葡萄糖、果糖、半乳糖对人体有生理意义。

1）葡萄糖。它是最常见的单糖之一，是双糖和多糖的基本组成部分，广泛存在于植物、动物体内，在植物性食品中含量丰富，葡萄中含量高达20%左右，故称为葡萄糖。它可以游离存在于水果、谷类、蔬菜中，也可以结合形式存在于蔗糖、淀粉、纤维素、糖原及其他葡萄糖衍生物中。人体摄入的糖类大多转化成为葡萄糖后被人体吸收，细胞用来产生能量的主要“原料”也是葡萄糖。葡萄糖可作为营养食品直接食用。

2）果糖。它主要存在于水果和蜂蜜中。果糖几乎总是与葡萄糖同时存在于植物中，也是人体易于吸收的糖分，在人体内被吸收后转变为肝糖，再分解为葡萄糖后被人体利用。

3）半乳糖。乳糖经消化后分解为半乳糖和葡萄糖。半乳糖不单独存在于天然食物中。在乳中和脑髓里都有半乳糖成分，它是神经组织的重要成分，在营养学上有重要的意义。

食物中的单糖除了上述三种以外，还有木糖、核糖、甘露糖、山梨糖和阿拉伯糖等。

（2）双糖。分子式为$C_{12}H_{22}O_{11}$，它是由两个单糖分子脱去一分子水后缩合而成的化合物。双糖多为结晶体，味甜，易溶于水，难溶于酒精。对人体有重要意义的双糖是蔗糖、麦芽糖和乳糖。这三种糖在人体内受消化酶的影响分解为葡萄糖后才能被吸收。

1）蔗糖。蔗糖广泛存在于植物中，尤以甘蔗和甜菜中含量最多。甘蔗含蔗糖约2%，日常食用的白糖、红糖等都是蔗糖。蔗糖易溶于水，熔点160~186 ℃，加热至200 ℃便成为棕褐色的焦糖。蔗糖由一分子葡萄糖与一分子果糖缩合失水而成，在酶的作用下或与酸共热，水解生成葡萄糖与果糖。

2）麦芽糖。麦芽糖大量存在于发芽的谷粒，特别是麦芽中。麦芽糖由两个分子的葡萄糖缩合失水而成。淀粉在淀粉酶的作用下水解即得麦芽糖，是甜食中的重要糖质原料。食品工业中利用发芽的谷物为酶的来源，作用于淀粉，即可得到 1/3 的麦芽糖。麦芽糖在酸或酶的作用下水解，生成两分子的葡萄糖。

3）乳糖。乳糖是哺乳动物乳汁中的糖，是由一分子葡萄糖和一分子半乳糖缩合失水而成的。牛奶含乳糖 4%，人乳含量为 5% ~7%。乳糖不易溶解，味道不甚甜，能在酸或酶的作用下水解生成葡萄糖和半乳糖。

食物中的双糖除了上述三种外，还有海藻糖、蜜二糖、纤维二糖和龙胆二糖等。

（3）多糖。多糖大都是分子量很大而能形成胶态溶液的物质，无甜味，非晶体，普遍存在于动植物食品中，是动植物的储存物质。在营养学上重要的多糖有淀粉、糖原、膳食纤维等。

1）淀粉。淀粉是一种最重要的多糖，也是人类膳食中热能的主要来源。淀粉是由许多葡萄糖分子脱水缩聚而成的高分子化合物，广泛存在于植物块根、块茎和种子中。由于碳原子连接方式不同，淀粉可分为直链淀粉和支链淀粉。直链淀粉是由约 300~400 个葡萄糖分子的残基结合成的链状结构，能溶于热水；而支链淀粉只能在热水中膨胀，不溶于热水。淀粉无味，不溶于冷水，但和水共同加热至沸，就会成糊状（淀粉糊化），具有胶黏性，这种胶黏性遇冷产生胶凝作用。粉丝、粉皮就是利用淀粉这一性质制成的，烹调中的勾芡也是利用淀粉的糊化作用。

淀粉在酸或酶的作用下最终分解产物是葡萄糖，其水解过程是逐步进行的。

2）糖原。糖原在动物体内，就好比淀粉在植物体内那样，起着储存物质的作用，因此被称为动物淀粉。它主要存在于人和动物的肝脏和肌肉中，故又叫肝糖原和肌糖原，是动物储备能量的来源之一，人体中含量约 400 克。当人体内缺乏葡萄糖时，糖原即分解为葡萄糖进入血液以供消耗；当人体内葡萄糖增多时，部分多余的葡萄糖又会变成糖原储存在肝脏和肌肉中。糖原也是由许多葡萄糖分子构成的，其结构与支链淀粉相似。在酶或稀酸作用下，即水解为麦芽糖以至葡萄糖。

3）膳食纤维（除纤维素外，还包括半纤维素、果胶、木质素等）。膳食纤维是植物细胞壁的主要成分，是植物的支架物质。膳食纤维也是由许多葡萄糖分子残基缩合成的高分子化合物。由于人体内部不具备分解纤维素的酶，故一般情况大部分膳食纤维不被人体消化吸收。

各种糖类除多糖外均有甜味，但各种糖的甜度各异。常见几种糖的甜度见表 6–1。

表 6-1 糖的甜度

糖类名称	甜度	糖类名称	甜度
果糖	173	麦芽糖	23
蔗糖	100	乳糖	16
葡萄糖	74	淀粉	0
山梨醇	54	纤维素	0

2. 糖类的生理功用

（1）糖类是人体最重要的能源物质。糖类是生命的“燃料”，每克单糖在体内经氧化可产生 16.2 千焦的热量，是人类最主要的供能物质，也是最经济的供能物质。体内许多组织、器官需要糖提供能量，如肌糖原是肌肉活动最有效的热能来源；心脏的活动主要靠磷酸葡萄糖和糖原氧化供给热能；神经系统除葡萄糖外，不能利用其他物质供给热能，所以血中葡萄糖是神经系统热能唯一来源。由于葡萄糖随血液周流全身，与全身各组织细胞的关系密切，因而血糖水平的变化往往可以反映出体内代谢的情况。血糖浓度在 24 小时内稍有变动就会引起生理反应。

糖类在体内代谢时需要维生素 B_1，以促进代谢的完成。如果食物中缺少维生素 B_1，即使多食糖也不能达到产生热能的目的。糖类产生的热，一部分用来供给人们劳动所需热量，一部分用来维持体温。

（2）糖类是构成机体组织细胞的一种重要物质，并负担特殊生理功能。有些糖类物质及其衍生物具有特殊的结构，在人体内负担着特殊的生理功能。这些糖类物质包括控制和传递遗传信息的化合物脱氧核糖核酸（DNA）和核糖核酸（RNA）、神经组织与类脂肪缔合的糖脂、结缔组织的黏蛋白、防止血液凝结的肝素、对某些化学药品和细菌分泌物起解毒作用的葡萄糖醛酸。

糖与其他营养素在体内的代谢也有密切关系。如脂肪在体内代谢所产生的乙酰基必须与草酰乙酸结合进入三羧酸循环中才能被彻底氧化燃烧，而草酰乙酸的形成是葡萄糖在体内氧化燃烧的结果。所以脂肪在体内的正常代谢必须有糖辅助。

（3）糖类可节约体内蛋白质的消耗。糖在体内充足时，机体首先利用糖供给热能。糖与蛋白质一起摄入，可增加三磷酸腺苷（ATP）合成，有利于氨基酸活化和蛋白质合成，使氮在体内储留量增加，此种作用称为糖对蛋白质的节约作用。

（4）糖类具有抗生酮作用。糖类能减少酮体的产生，防止酸中毒。脂肪在体内氧化时靠糖来供给热能，体内糖供给不足或身体不能利用糖时（如糖尿病人），身体所需热能将大部分由脂肪供给。而当脂肪氧化不完全时，即产生酮体。酮体是一种酸性物质，一旦在体内积存过多，即可引起酸中毒。所以糖类有抗生酮作用。

（5）糖类可保护肝脏。肝脏是人体重要的解毒器官，解毒作用的大小和肝糖原的数量有明显关系。肝糖原不足时，肝脏对四氯化碳、酒精、砷等有害物质的解毒作用明显下降。

（6）糖类具有润肠、解毒的作用。膳食纤维是不为人体消化道所消化、吸收、分解的多糖类物质（主要包括不溶性纤维和可溶性纤维），如纤维素、果胶等物质。膳食纤维具有润肠、解毒和预防便秘的作用。它能促使肠道蠕动，增强结肠的渗透，使肠内食物通过肠道的时间和在胃内的排空时间缩短，降低结肠的压力；同时，可缩短肠壁与食物中有毒物质的接触时间；此外，还能缩短粪便在肠内的滞留时间，从而预防便秘，减少细菌及其毒素对肠壁的刺激。膳食纤维在胃、肠内吸水膨胀，容积增加，呈胶体状态，可延长食糜中葡萄糖的吸收，降低血糖水平，改善血糖耐量。

3. 糖类的供给量及食物来源

糖类的供给量依工作性质、劳动强度、饮食习惯、生活水平而定。一般认为由糖类所提供的热量应占总摄入热量的60%~70%。成年人每日每千克体重约需4~6克糖类，而纯糖（指单糖、双糖）不得超过总糖量的5%。

膳食中糖类主要来源是谷类和根茎类食品，以及含纯糖的食品。蔬菜、水果除含少量的单、双糖外，是纤维素的主要来源。

4. 糖类特性在烹调中的应用

（1）淀粉是烹调过程中必不可少的。淀粉加水并调搅，即成淀粉乳，静置后成水淀粉。将淀粉乳加热，淀粉中的糖即溶解成发亮的溶液，其中的胶淀粉因受热膨胀成黏稠的胶体。烹制菜肴时，将水淀粉裹于原料表面，可防止原料过分失水，同时淀粉糊化后产生的浓稠物质使制成的菜肴油光发亮。此外，利用淀粉的糊化作用，可制作西点的各类粉冻。

（2）糖的吸湿性较强，又有较高的渗透压，烹调中常利用这一特性制作特色菜品，如冰肉。

（3）糖与酸作用脱水可生成酯，酯是具有香味的物质。采用烧、焖、炖等技法烹制菜肴时，适当加入少许的糖和醋，可使食品增加浓香味。

（4）糖加热至160~180 ℃时即可分解并焦化，变成褐色物质。烹调中对部分需要着色的菜肴，如烧、烤类食品，用糖溶液先涂匀表面再加温，加热过程中，随糖的焦化程度，可使食品得到浓淡不同的颜色。

（5）蔗糖加热到熔点时，即从晶体变为浓稠、黏性很强的胶体状物质。烹调中常

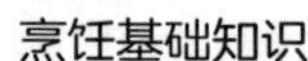

利用糖的这一性质制成各种拔丝类食品，如拔丝香蕉等，以及制成挂糖胶的食品，如蛋散、萨其玛等别具风味的糕点。

糖类还具有去腥解腻、矫正口味的功能。烹调时与盐适当搭配成对比味，还可增加食品的鲜味。

二、脂类

脂类是脂肪和类脂的总称。类脂包括磷脂、糖质脂、卵磷脂、固醇和固醇脂等。

脂肪由一分子的甘油和三分子的脂肪酸缩合而成，叫真脂，化学名称为甘油三酯。脂肪是机体的重要组成成分，由碳、氢、氧 3 种元素组成。脂肪中一般含碳 76%、氢 12%、氧 12%，少数脂肪还含有磷、氮等元素。由于所含碳、氢比例比糖要多，而氧的比例小，因此脂肪发热量比糖要大。

动物脂肪在常温下一般为固态，习惯上称为脂，如猪脂、牛脂、羊脂等。植物脂肪在常温下一般为液态，习惯上称为油，如花生油、豆油、芝麻油等。动物脂和植物油统称为油脂。

1. 脂肪酸的分类

脂肪水解后生成甘油和脂肪酸。在营养学上，脂肪主要根据其所含脂肪酸的种类进行分类。

（1）饱和脂肪酸。这类脂肪酸分子中氢原子数目恰是碳原子的 2 倍，碳链上的碳原子被氢所饱和，故称饱和脂肪酸。例如含有 16 个碳原子的软脂酸，就是被 32 个氢所饱和的脂肪酸，其分子式为 $C_{16}H_{32}O_2$；含 18 个碳原子的硬脂酸，是被 36 个氢原子所饱和的脂肪酸，分子式是 $C_{18}H_{36}O_2$。含大量饱和脂肪酸的脂肪有黄油、猪油、牛油、羊油、可可脂等。

（2）不饱和脂肪酸。分子中除同样有两个氧原子外，氢原子的数目不是碳原子数目的两倍，碳链上的碳原子没有完全被氢所饱和，出现了双键，含有双键的脂肪酸叫作不饱和脂肪酸。

含两个或两个以上双键的脂肪酸，统称多不饱和脂肪酸，主要指亚油酸、亚麻油酸、花生四烯酸等。这三种多不饱和脂肪酸，由于人体不能自行合成，必须由食物供给，所以又称“必需脂肪酸”。实际上，在人类营养中最重要的必需脂肪酸是亚油酸，它在体内可转变成亚麻油酸和花生四烯酸。

2. 脂类的生理功用

（1）脂类是人体内储存能量的“仓库”。1 克脂肪在人体内生理氧化可提供给人体

38 千焦的热量。体内养分物质过多时，过剩的糖、蛋白质等便转变成脂肪储存起来。一旦体内营养缺乏，脂肪又可转化为能量供人体所需。

（2）构成机体组织细胞。类脂中的磷脂、胆固醇等是多种物质和细胞的组成成分，它们与蛋白质结合成脂蛋白，构成了细胞的各种膜，如细胞膜、核膜、线粒体等，与细胞的正常生理功能和代谢活动有密切关系。胆固醇在体内可转化为胆汁酸盐、维生素 D、肾上腺皮质激素及性激素等多种有重要生理功能的类固醇化合物。参与组织细胞结构成分的各种类脂，在含量上比较恒定，一般不随人体胖瘦而改变。

（3）提供人体必需脂肪酸。人体所必需的脂肪酸，主要靠膳食中的脂肪来提供。必需脂肪酸作为合成胆固醇和磷脂的成分，对于胆固醇的运输，防止其在血管壁上沉积具有重要作用；在构成各种细胞膜成分的类脂中，所含的脂肪酸多是必需脂肪酸，因此，脂肪对维持细胞膜的完整性和生理功能有重要作用。此外，必需脂肪酸还是合成人体内前列腺素的原料，能促进发育、维持皮肤和毛细血管的健康，能减轻放射线所造成的皮肤损伤。必需脂肪酸缺乏还会引起机体病变。

（4）保护机体不受损伤。人体脂肪主要分布于皮下、腹腔、肌肉间隙和脏器周围。对各组织器官有缓解机械冲击、固定位置的保护作用。另外，皮下脂肪有维持正常体温的作用。

（5）促进脂溶性维生素的吸收。脂肪是脂溶性维生素的良好溶剂。脂溶性维生素可随脂肪的吸收同时被吸收。当饮食中脂肪缺乏或脂肪吸收有障碍时，体内脂溶性维生素也会缺乏。

另外，脂肪在胃内停留的时间长，因此富含脂肪的食物具有较强的饱腹感。

3. 动物脂肪与植物脂肪的比较

从营养学的观点看，植物脂肪一般比动物脂肪营养价值高。评价脂肪的营养价值主要看以下几点。

（1）脂肪酸的组成和比例。在不饱和脂肪酸中，双键越多，不饱和度越高，脂肪酸的营养价值也就越高。

（2）脂肪消化、吸收率。脂肪的熔点低于体温或接近体温的，在人体内的消化吸收率比较高。

（3）脂肪中脂溶性维生素的含量。含维生素越多的脂肪，其营养价值就越高。

用以上三点衡量脂肪的营养价值，可以认为植物脂肪的营养价值高于动物脂肪。

4. 脂肪的日供量

每日三餐离不开油，吃油要讲究科学。过量食用动物油脂可能会引发动脉硬化，

引起高血压、冠心病等。而过量食用植物油脂，也可能会引发某些疾病。

研究表明，成人每人每天所需的亚油酸约 4~5 克。按此需要量计算，每人每天摄入的植物油脂约 32 克，动物油脂约 16~18 克，每日共计摄入约 50 克脂肪（指食物中的脂肪总量）。其中 1/3 为动物油脂，2/3 为植物油脂。

5. 脂肪在烹饪中的应用

（1）使食品起酥。所有油脂都有比水黏性高的特点。在烹制含淀粉多的食品时，加入油脂后可使面团润滑，由于淀粉颗粒之间被油脂分子分隔，经炸或烤后可使食品起酥。酥食类点心以及烹制菜肴时常用的脆浆等均是添加油脂后制成的。

（2）改善食品的感官性质，增加浓香味。食用油脂是酯类物质，本身都带有香味并具有黏度和腻滑性。用油脂烹调食物可获得特别的香味，使食物外观亮滑，增进人的食欲。用焖、炖、烧等加热时间较长的方法烹制肉类时，如果加入少量的酒，能使肉类的脂肪酸与酒中的乙醇脱水缩合成酯，使食品更具浓香味。

三、蛋白质

一切基本的生命活动，如消化吸收、生长繁殖等，都要依靠蛋白质的特有性质。没有蛋白质就谈不到生命。

蛋白质存在于所有动物和植物细胞的原生质内，是生物体的主要成分。蛋白质对于人和动物的生存与健康极为重要，只有在蛋白质参与下人和动物才能实现重要的生命过程。

1. 蛋白质的化学组成及在烹饪中表现的特性

蛋白质是一种化学结构非常复杂的有机化合物，它是由碳、氢、氧、氮等元素组成的，有的蛋白质中还含有硫、磷、铁、锌等元素。其主要元素组成百分比大致为：碳 50% ~55%，氢 6%~7.3%，氧 19% ~24%，氮 15% ~17.6%，硫 0% ~4%，磷 0% ~3%。

其中氮元素是蛋白质的特征元素，是糖和脂肪中所没有的，所以蛋白质也叫高分子含氮有机物。不论是来自植物，还是来自动物的蛋白质，其氮含量都极为相近，平均约为 16%。

蛋白质结构复杂，由数百个分子构成，其中的一些分子叫氨基酸分子，是蛋白质的组成物。氨基酸按不同的排列顺序构成某一种蛋白质，这一顺序就确定了蛋白质的形状和功能。氨基酸有 20 多种，可以相互结合，产生无数种结构不同的蛋白质。

（1）必需氨基酸。构成人体蛋白质的氨基酸中有一部分在体内不能合成或合成速度极慢，不能满足机体需要，必须由食物蛋白质供给，称为必需氨基酸。必需氨基酸有下列 8 种。

1）缬氨酸在人乳、卵类和花生的蛋白质中含量较多，肉类中次之，小麦及玉米中比肉类中含量少，在其他谷类中的含量与肉类中含量相近。

2）亮氨酸在玉米蛋白质中含量较高，达 22% ~24% ；在一般食物蛋白质中的含量为 6% ~15%。

3）异亮氨酸在肉类蛋白质中的含量约为 5% ~6.5%，在卵类及乳类蛋白质中的含量较多，在谷物及蔬菜蛋白质中的含量相对偏低。

4）苏氨酸在所有的食物蛋白质中均含有。在肉类、乳类及卵类中含量约为 4.5% ~5.0%，在明胶蛋白质中含量为 2.5%，在谷物蛋白质中含 2.7% ~4.7%，在其他食品蛋白质中含量为 1.5% ~6.0%不等，在醇溶谷蛋白中含量较低。

5）赖氨酸在一般的动物性蛋白质中均含有，尤以肉皮中含量多。肉类蛋白质中含量为 7% ~9%，在卵类、乳类蛋白质中的含量与肉类接近。谷类蛋白中赖氨酸的含量甚少，而谷类胚芽部分的含量和肉类差不多。大豆及叶菜的蛋白质中赖氨酸含量与肉类相当。

6）蛋氨酸在肉类、乳类及卵类的蛋白质中含量约为 4% ；在谷类蛋白质中约含 1% ~1.5%，只有大米的蛋白质中蛋氨酸的含量为 4%左右；酵母、叶菜类中的含量约为 2%以下。

7）苯丙氨酸在所有食物中含量均较高。卵类蛋白质中含量达 6%，一般的蛋白质中约含 4%。

8）色氨酸在天然食物的蛋白质中都含有，肉类、乳类、卵类中约含 1.5‰；谷类含量为 0.7% ~1.3%，玉米蛋白质中的色氨酸量更少。

（2）非必需氨基酸。体内需要，但能够在体内合成，不一定靠食物供给的氨基酸称非必需氨基酸。它们是甘氨酸、丙氨酸、正亮氨酸、丝氨酸、天门冬氨酸、谷氨酸、鸟氨酸、瓜氨酸、胱氨酸、羊毛硫氨酸、酪氨酸、二碘酪氨酸、脯氨酸、羟脯氨酸。

不管是必需氨基酸还是非必需氨基酸，它们均是构成蛋白质的基本单位，具有同样的生理意义。

食物中的蛋白质，烹调中加热至 60~70 ℃时，或在酸、碱、盐、乙醇的条件下很容易发生结构变化和水解，即凝固变性。人们消化吸收的是变性的蛋白质。烹调菜肴时主张急火快炒，可使蛋白质凝固变性，使原料鲜嫩，易消化吸收。如果过火，原料质地变老，蛋白质因过分变性而老化，反而不易消化吸收。另外，烧肉、制汤时不可过早加入食盐，否则会降低蛋白质的水解效果，影响口味。动物性原料中的蛋白质均属亲水胶体，溶解于水并形成稳定的、有较大亲水力的胶体溶液，冷却后即凝结成冻胶，利用这一特性可制作具有造型的菜肴。

蛋白质或其分解产物氨基酸在细菌的作用下会生成某些有毒物质，如尸胺、腐胺、酪胺、组胺、色胺和具有特臭味的物质粪臭素、吲哚、硫化氢等。食物中的蛋白质发生腐败变质后，食物则不可食用。

2. 蛋白质的分类及评价

（1）蛋白质分类。在营养学上，根据食物蛋白质所含必需氨基酸的种类和数量的不同，将蛋白质分为以下三类。

1）完全蛋白质。又名优质蛋白质，这类蛋白质所含必需氨基酸种类齐全、数量充足，相互间的比例适合人体的需要，能维持成人的健康，并能促进儿童的生长发育。一般认为动物性蛋白质及植物性蛋白质中的大豆蛋白质为完全蛋白质。

2）半完全蛋白质。此类蛋白质中所含必需氨基酸种类比较齐全，含量不均匀，相互之间的比例不适合人体需要。若在膳食中将其作为唯一的蛋白质来源，虽然可以维持生命，但不能促进生长发育。植物性蛋白质大多属于此类，如米、面、土豆等所含的蛋白质。

3）不完全蛋白质。此类蛋白质中所含必需氨基酸种类不全，若膳食中将其作为蛋白质的唯一来源，则不能维持机体健康，更不能促进生长发育。如玉米、豌豆中的蛋白质，动物结缔组织如肉皮、蹄筋中的胶质蛋白等，都属于此类蛋白质。

（2）蛋白质的评价。评价膳食蛋白质是否优质，应从以下几个方面考虑。

1）食物中蛋白质含量。评定食物营养价值时，应以其蛋白质含量为基础，不能脱离含量单纯地考虑营养价值。因为即使所含蛋白质营养价值很高，但含量太低，亦不能满足机体需要。

食物中豆类、蛋类、奶类、各种瘦肉和鱼类等蛋白质含量丰富。部分食物中蛋白质含量见表 6–2。

2）蛋白质的消化率。食物蛋白质可被消化酶分解的程度，称为消化率。蛋白质消化率越高，则被机体吸收利用的可能性越大，其营养价值也越高。影响食物蛋白质消化率的因素较多，一般认为，植物食品中的蛋白质，由于被纤维素包围，与体内消化酶不易接触，因此植物食品中蛋白质的消化率比动物性食品低。烹调过程对蛋白质的消化率也有影响。一般情况下，经烹调后食物的蛋白质消化率可提高。按常用方法烹调食品时，几类食物蛋白质的消化率见表 6–3。

表 6-2　部分食物中蛋白质含量　（克 /100 克可食部分）

食物名称	含量	食物名称	含量	食物名称	含量	食物名称	含量
鸡蛋	12.7	牛前腿肉	15.7	龙虾	18.9	西瓜子	30.3
鸡肉	19.1	牛肉（五花，肋条）	18.6	对虾	18.6	葵花子	22.6
鸡腿	16.4	牛肚	14.5	海蟹	13.8	花生仁	24.8
鸡肝	16.6	羊肚	12.2	鲜贝	15.7	紫菜（干）	26.7
鸡胸脯	19.4	羊肝	17.9	虾皮	30.7	海带（鲜）	1.2
鸭肉	15	羊肉（里脊）	17.1	海米	43.7	小麦粉	15.7
猪瘦肉	20.3	牛奶	3.0	海参（水浸）	6	大米	7.9
猪后臀尖	14.6	酸奶	2.5	腐竹	44.6	小米	9.0
猪后肘	17	黄豆	35	黄豆粉	32.7	绿豆	21.6
猪前肘	15.1	鲤鱼	17.6	酱豆腐	12	香菇（干）	20.0
猪五花肉	13.6	带鱼	17.7	豆腐丝（油）	24.2	木耳（干）	12.1
牛瘦肉	20.2	鲢鱼	17.8	熏豆腐干	15.8	地衣（水浸）	1.5

表 6-3　食物蛋白质的消化率

食物名称	消化率（%）	食物名称	消化率（%）
肉类	92~94	油脂	81~98
蛋类	98	谷类	66~82
鱼类	98	薯类	74~78
奶类	67~98	豆类	60~94

3）蛋白质的生物价。蛋白质的生物价是评价蛋白质营养价值的主要指标，也叫生理价值，是指蛋白质经消化吸收后进入人体，可以储存和利用的程度。蛋白质的生物价越高，其营养价值越高。蛋白质生物价的高低主要取决于其必需氨基酸的含量、种类及其比例。其比例与人体需要的比例越接近，则生物价越高。如人体组织蛋白质每 100 克含有苯丙氨酸 1 克、蛋氨酸 1 克、亮氨酸 1 克，它们之间的比例为 1∶1∶1。如果某种食物 100 克蛋白质中，含苯丙氨酸 1 克、蛋氨酸 1 克、亮氨酸 0.5 克，即三种氨基酸之比为 2∶2∶1。人体摄入该蛋白质后，经分解生成氨基酸，其氨基酸在组成人体组织蛋白质时，人体只能按 1∶1∶1 的比例利用其苯丙氨酸 0.5 克、蛋氨酸 0.5 克、亮氨酸 0.5 克。即只能以这种蛋白质中含量最少的氨基酸来决定其他氨基酸的利用

程度，以此决定这种蛋白质的生理价值。因此，这种蛋白质仅有50%被利用。常见食物蛋白质生物价见表6–4。

表6–4 常见食物蛋白质生物价

食物名称	蛋白质生物价	食物名称	蛋白质生物价
大米	77	豆腐	65
小麦	67	红薯	72
小米	57	土豆	67
玉米	60	猪肉（瘦）	74
高粱	56	牛肉（瘦）	76
大豆（熟）	64	羊肉（瘦）	69
蚕豆	58	鱼	83
绿豆	58	鸡蛋	94
牛奶	85	蛋白	83
白面粉	52	蛋黄	96

3. 提高膳食蛋白质营养价值的措施

在自然界中，没有任何一种食物能完全满足人体对营养的需要。如果在膳食中，将两种以上的食物混合食用，则食物中的蛋白质可以相互补充，从而提高混合食物中蛋白质的营养价值。例如，我国北方地区的人们常吃玉米面与黄豆面混合而成的杂合面，玉米蛋白中含赖氨酸、色氨酸都较少，而黄豆中赖氨酸、色氨酸均较多，将这两种食物混合后食用，黄豆中的氨基酸弥补了玉米中氨基酸的不足，提高了混合食物中蛋白质的营养价值。

为了充分发挥蛋白质的互补作用，在膳食中应遵循三个原则。

（1）搭配的食物种类越多越好。在日常生活中提倡饮食多样化，不仅能提高食欲，促进吸收，而且丰富氨基酸的种类，充分发挥蛋白质的互补作用。

（2）食物的种属越远越好。如动、植物之间搭配，比单纯植物之间搭配更利于提高蛋白质的营养价值。

（3）最好几种食物同时吃。人体所需的氨基酸只有同时或先后（时间最好不超过5小时）到达身体组织，才能构成组织蛋白质。所以在日常膳食中，提倡用荤素杂吃、粮菜兼食、粮豆混食、粗粮细作等方法调配膳食。表6–5所示为我国常用的几种食物混合的配合比例及其蛋白质的生物价。

表 6-5　食物混合的配合比例及其蛋白质的生物价

食物名称	单独食用时的生物价	混合食物中所占比例（%）	混合后蛋白质的生物价
大豆	64	20	75
玉米	60	50	
高粱米	56	30	
大豆	64	25	76
玉米	60	75	
大豆	64	33	77
面粉	67	67	
大豆	64	20	73
玉米	60	40	
小米	57	40	
大豆	64	15	89
小米	57	25	
小麦	67	45	
牛肉	69	15	

4. 蛋白质的生理功用

（1）构成、修补和更新人体组织。蛋白质是构成人体组织细胞的重要成分。人体各种器官组织都是由蛋白质组成的，如人体的脑、神经、肌肉、内脏、血液、头发、指甲等没有一处不含蛋白质。身体的生长发育、衰老组织的更新、损伤后组织的修补等都离不开蛋白质。蛋白质在体内新陈代谢，不断地分解破坏，同时又不断地修复和更新。针对蛋白质这种稳定的转换和损失特点，人体需要有一个“氨基酸库”，以维持体内氨基酸的总量不变。这个“氨基酸库”必须由食物蛋白质来补充。

蛋白质也是构成酶和激素的成分。人体的新陈代谢是通过成千上万种化学反应来实现的，而这些反应都需要酶来催化。酶广泛参与人体各种各样的生命活动，如肌肉的收缩、血液循环、呼吸、消化、神经传导、能量转化、生长发育、繁殖等。没有酶，生命活动就无法进行。另外，具有调节生理功能的体内活性物质——激素，也是以蛋白质为原料构成的。

（2）构成抗体。为了保护机体免受细菌和病毒的伤害，人体血液中有一种叫抗体的物质，可提高机体抵抗力。抗体是由蛋白质构成的。

（3）供给热量。蛋白质在体内的主要功能并非供给热量。但当膳食中糖类、脂类这两种能源物质的摄入量不足或人体急需热量又不能及时得到满足时，蛋白质可以作为热源物质为机体提供热量。另外，每天从食物中摄入的蛋白质中有一些不符合机体需要，或者数量过多，也将被氧化分解，释放能量。1 克蛋白质在体内生理氧化可产生 1.67 千焦热量。

（4）调节生理机能。

1）解毒作用。高蛋白的膳食可以保护肝脏，增加肝脏对麻醉剂和毒性化学药品的抵抗力。缺乏蛋白质则肝脏解毒能力降低，肝脏功能受到损害。

2）防止水肿。若膳食中长期缺乏蛋白质，血浆蛋白的含量便会降低，血液内的水分会过多地渗入周围组织，造成营养不良性水肿。

3）维持神经系统的正常功能。神经系统的功能与活动，与摄入膳食中的蛋白质的质和量有关系。蛋白质数量的改变，可以有规律地影响大脑皮质的兴奋与抑制过程。食物中大增大减蛋白质，不但破坏大脑皮质的兴奋与抑制过程，而且常能引起神经衰弱，进而影响内分泌激素的产生和神经体液的调节作用。

5. 蛋白质的日供量及其食物来源

人体对蛋白质的需要量受到诸多因素的影响，包括年龄、体重、生理状态和能量消耗水平。我国居民膳食以植物性食物为主，按能量计算，蛋白质摄入量应占到膳食总能量的 10%~15%。

蛋白质主要来源于各种瘦肉、乳、蛋、奶、鱼等动物性食品，粮食也是蛋白质的主要来源。另外，各种豆类、硬果、菌类、藻类也是很好的蛋白质来源。

四、维生素

维生素是维持机体正常代谢所必需的一类低分子有机化合物。大多数维生素是某些酶类的辅基成分。

维生素有其共同特性，它们在人体内不能合成或合成数量极少，不能充分满足机体需要，因此尽管需要量不多，每日仅以毫克或微克计算，却必须由食物供给，否则就会引起体内代谢紊乱。当机体缺乏维生素时，物质代谢将发生障碍。缺乏不同的维生素可以引发不同的疾病，此类疾病统称为维生素缺乏症。长期缺乏维生素可使人劳动效率下降，抵抗力降低。维生素缺乏的原因除食物中含量不足外，还可能是由于维生素在体内有吸收障碍，破坏分解增强或生理需要量增加。维生素不是构成人体各种组织的原料，不供给人体热量，但在调节物质代谢过程中起着十分重要的作用。

维生素的种类很多，化学结构差异很大。通常按溶解性质将其分为脂溶性和水溶性两大类。

维生素的名称曾经根据其被人类发现时间的先后，用英文大写字母来命名。也有根据它们的化学结构特点或生理功能来命名的，如硫胺素、抗坏血酸等。

脂溶性维生素溶于脂肪不溶于水，其吸收与脂肪的存在有密切关系，吸收后可在体内储存。脂溶性维生素有维生素 A、维生素 D、维生素 E、维生素 K。

水溶性维生素溶于水不溶于脂肪，吸收后在体内储存很少，过量的维生素一般从尿中排出。水溶性维生素主要有维生素 B_1、维生素 B_2、维生素 B_6、维生素 B_{12}、维生素 C、维生素 PP 以及叶酸、泛酸、生物素等。

1. 维生素 A

（1）维生素 A 的性质。维生素 A 又名抗干眼病维生素、视黄醇。其化学性质活泼，易被空气氧化而失去生理作用，紫外线照射亦可使之破坏；对热稳定，对酸、碱亦较稳定，在新鲜的油脂中更稳定。一般的烹调方法对食物中的维生素 A 无严重的破坏作用，但长时间的剧烈加热，如油炸，以及在不隔绝空气的条件下长时间的脱水，可使维生素 A 被破坏。

维生素 A 只存在于动物性食品中。植物性食品中含有维生素 A 原——胡萝卜素。胡萝卜素经肝脏转化为维生素 A 后被人体吸收。胡萝卜素耐热，在 100 ℃下加热 4 小时才被破坏。我国膳食中维生素 A 的来源主要是胡萝卜素。

维生素 A 在食物中常和脂肪混在一起，脂肪可促进维生素 A 的吸收。如生吃胡萝卜，90%以上的胡萝卜素不能被吸收，烹调中多加些油，可使吸收率达 98%。食品中缺乏维生素 E 或蛋白质，亦可影响维生素 A 的吸收。

（2）维生素 A 的生理功用。

1）促进体内组织蛋白质的合成，加速生长发育。儿童缺乏维生素 A，会导致体内肌肉和内脏器官萎缩，体脂减少，发育迟缓，生长停滞，还易感染其他疾病。

2）参与眼球内视紫质的合成或再生，维持正常视觉，防止夜盲症。眼球壁内层感光组织视网膜上的感光物质视紫质是一种结合蛋白质，由维生素 A 和视蛋白结合而成，能感受弱光，使人在昏暗光线下看清物体。缺乏维生素 A，会影响视紫质的合成或更新，使视紫质的再生过程受到抑制或者完全停止，引起夜盲症，使眼的视觉反常，暗适能力减弱，在昏暗光线下看不清东西。

3）维护上皮细胞组织的健康，增加对传染病的抵抗力。缺乏维生素 A 能使皮肤、黏膜的上皮细胞发生萎缩、角化和坏死，降低机体防卫细菌、病毒入侵的能力，从而

引起皮膜、黏膜组织一系列疾病，如呼吸道、消化道、泌尿和生殖系统疾病，以及导致眼结膜上腺体分泌功能降低，泪腺分泌减少，易感染发生干眼病，并可进一步发生角膜软化、角膜溃疡等。

4）防止多种类型上皮肿瘤的发生和发展。人体缺乏维生素 A 时，会增加对化学致癌物的易感性。

此外，维生素 A 能促进细胞新生，在血的生成、外伤的治疗上亦有功用。

（3）维生素 A 的食物来源。动物肝脏、奶、奶油、蛋黄、鱼肝油等含维生素 A 丰富；植物性食品中，有色蔬菜如菠菜、苜蓿、番茄、豌豆苗、茄子、红心白薯、胡萝卜等，含有丰富的胡萝卜素。

2. 维生素 D

（1）维生素 D 的性质。维生素 D 又名钙化醇、抗佝偻病维生素，为类固醇衍生物，其种类很多，以维生素 D_2（麦角钙化醇）及维生素 D_3（胆钙化醇）较为重要。人体内可由胆固醇转变为 7- 脱氢胆固醇，并储存于皮下，在日光或紫外线照射下可转变为维生素 D_3。植物油或酵母所含的麦角固醇，虽不能被人体吸收，但经日光或紫外线照射后，可转变为能被人体吸收的维生素 D_2。

维生素 D_2 和维生素 D_3 皆为无色晶体，其性质稳定，耐热，对氧、酸、碱较为稳定，不易被破坏。

（2）维生素 D 的生理功用。维生素 D 有促进肠内钙、磷物质吸收和骨内钙沉积的功能，与骨骼、牙齿的正常钙化有关。缺乏时，引起儿童佝偻病，引起成年人软骨病，特别是孕妇和哺乳期女性更易发生骨软化症。如果维生素 D 吃多了，会引起血钙过高，导致血管及其他器官不必要的钙化。长期和不适当地过量服用维生素 D 可引起中毒。

（3）维生素 D 的食物来源。鱼肝油、肝、奶、蛋等是维生素 D 主要的食物来源。

3. 维生素 E

（1）维生素 E 的性质。维生素 E 又名生育酚、抗不孕维生素，是酚类化合物，具有抗氧化作用，对酸、碱、热都很稳定。

（2）维生素 E 的生理功用。维生素 E 有抗神经、肌肉变性作用，可维持肌肉正常发育生长，所以可治疗瘫痪等一类神经疾患，调节内分泌，还可促进生育，延缓衰老和记忆力减退。缺乏时会造成垂体机能不全，甲状腺生长不良。

（3）维生素 E 的食物来源。植物油、肉类、奶类、蛋类、豆类及蔬菜均是维生素 E 的食物来源。

4. 维生素 K

维生素 K 具有促进凝血的功能，故又名凝血维生素，医学上常用其作止血剂。它最易被碱和光所破坏。缺乏维生素 K，出血凝固时间延长。绿叶蔬菜如菠菜、白菜，以及蛋黄等都含有维生素 K。

5. 维生素 B_1

（1）维生素 B_1 的性质。维生素 B_1 又名硫胺素、抗脚气病维生素，溶于水，对热较稳定。在一般烹调温度下，维生素 B_1 损坏不大，遇碱则易被破坏。所以在烹调食物时，应尽量不放或少放碱。

（2）维生素 B_1 的生理功用。

1）维生素 B_1 是末梢神经兴奋传导不可缺少的物质。可预防和治疗脚气病（多发性神经炎）。

2）维生素 B_1 能增加肠胃蠕动以及胰液和胃液的分泌，故可增加食欲、帮助消化。

3）促进儿童的生长发育。

4）促进糖类的代谢。糖类在代谢中的中间产物丙酮酸在组织（特别是脑组织）和血液中积存过多会出现神经机能障碍。维生素 B_1 能使丙酮酸氧化成二氧化碳和水，从而使症状消失。

另外，老年人有时会发生原因不明的下肢轻度浮肿，两腿沉重发木，行走乏力，四肢酸疼，食欲不振，反应迟钝，这也是体内缺乏维生素 B_1 的表现。

（3）维生素 B_1 的食物来源。维生素 B_1 在食物中分布较广。含量较多的有米、麦的皮、胚芽和麦芽。此外。酵母、肝、肾、蛋、豆类、猪瘦肉、白菜、芹菜、核果等也含有丰富的维生素 B_1。

6. 维生素 B_2

（1）维生素 B_2 的性质。维生素 B_2 因色黄，含核糖，故又名核黄素。它在自然界分布虽较广，但含量并不多。纯粹的核黄素是黄橙色结晶，不溶于脂肪，能溶于水。核黄素对热稳定，在酸性溶液中加热到 100 ℃时仍能保存，在碱性溶液中则很快被破坏。核黄素的稳定程度因温度的高低、加热时间之长短、酸度之大小而异，温度高、时间长、pH 值高时损失大。

核黄素对光很不稳定，受光照作用时，容易失去生理效能。食物中还含有一部分非游离状态的核黄素，主要是与磷酸和蛋白质结合在一起，这种结合型的核黄素对光较稳定。为了避免食物中核黄素的损失，应尽量避免食物在阳光下暴晒。

（2）维生素 B_2 的生理功用。维生素 B_2 是构成黄酶的辅基成分，参与生物氧化酶体系，可维持机体健康，促进生长发育。游离性的核黄素存在于视网膜中，并参与光

反应。缺乏维生素 B_2 会影响生物氧化，引起物质代谢的紊乱，出现口角炎、唇炎、舌炎、角膜炎、阴囊炎以及视觉不清、白内障等疾病。

（3）维生素 B_2 的食物来源。富含维生素 B_2 的食物主要是动物肝脏、肾脏、心脏、蛋黄、鳝鱼，以及奶类、豆类、菌藻类等。新鲜绿叶菜、糙米、糙面也是维生素 B_2 的来源。

维生素 B_2 是一种比较容易缺乏的维生素。特别是膳食中动物内脏、蛋、奶较少时，必须设法加以补充，如多吃新鲜的绿叶菜和豆类。应根据维生素 B_2 的化学性质，采取各种措施，尽量减少其在食品加工、烹调、储存中的损失。

7. 维生素 B_6

维生素 B_6 又名吡哆醇，为无色晶状粉末，略带苦味，溶于水、酒精及酮。它耐热，对酸、碱均稳定，易被光破坏。维生素 B_6 与不饱和脂肪酸、氨基酸的代谢有关，蛋白质在体内的转化需要维生素 B_6 参加。

蛋黄、麦胚、酵母、肝、肾、奶、大豆、麦等都含有较丰富的维生素 B_6。

8. 维生素 B_{12}

维生素 B_{12} 又名钴胺素（或叫钴胺酸）。食物中缺少维生素 B_{12}，或机体吸收维生素 B_{12} 不好，会引起恶性贫血。

肝、牛肉中含维生素 B_{12} 较多，猪肉次之。

9. 维生素 C（抗坏血酸）

（1）维生素 C 的性质。它具有酸性，在酸性溶液中比较稳定，易溶于水，遇热和碱均能遭到不同程度的破坏；在空气中易被氧化失去功效，与某些金属特别是与铜接触，破坏更快。由于这些特性，所以在烹调过程中应尽力保护维生素 C 不受或少受损失。

（2）维生素 C 的生理功用。

1）维生素 C 是一种活性很强的还原性物质，是构成机体生理氧化还原过程的重要成分，因此是机体新陈代谢不可缺少的物质。

2）参与细胞间质的生成，维持牙齿、骨骼、血管、肌肉的正常功能，影响部分结缔组织细胞间质的正常形成，尤其是胶原的形成，因此维生素 C 对血管壁的脆性保持正常状态极为重要。

3）可降低胆固醇和毛细血管的脆性，对防治高胆固醇血症、动脉粥样硬化有一定作用。

4）能促进机体抗体的形成，提高白细胞的吞噬作用，增加人体对疾病的抵抗力，并可促进伤口愈合。

5）对有毒物质具有解毒作用。

6）具有抗癌作用。

此外，维生素 C 能促进铁的吸收，是治疗贫血症常用的辅助药物。

维生素 C 缺乏易患坏血病，主要症状是出血和骨骼变化，症状是缓慢地、逐渐地出现的。维生素 C 缺乏数日，患者会感到全身乏力，食欲差，毛细血管出血。儿童生长迟缓、烦躁和消化不良，以后逐渐出现齿龈萎缩、浮肿、出血。此外，维生素 C 缺乏，还可引起骨骼脆弱、坏死，常易发生骨折。

（3）维生素 C 的食物来源。维生素 C 广泛存在于新鲜的蔬果中，尤其是在绿叶蔬菜、酸性水果，如酸枣、番茄等中含量很丰富。谷类和干豆类不含维生素 C，但豆类在发芽时含有维生素 C。富含维生素 C 的食物见表 6–6。有些蔬菜，如黄瓜、白菜中含有抗坏血酸酶，能加速维生素 C 的氧化破坏，所以蔬菜在储存过程中往往会损失一些维生素 C。

表 6–6 富含维生素 C 的食物

食物名称	维生素 C（毫克 /100 克）	食物名称	维生素 C（毫克 /100 克）
大白菜	47	辣椒（红，小）	144
小白菜	64	沙棘	204
红菜薹	57	番石榴	68
莲花白	48	枣（鲜）	243
苤蓝	41	红果	53
芥蓝	72	猕猴桃	62
羊角菜叶	78	葡萄柚	38
苋菜（绿）	47	金橘	35

维生素 C 的摄入标准是成人每日 70~75 毫克，孕妇、哺乳期女性和正在青春期的青少年，供给量标准要高于一般成年人。

10. 维生素 PP

维生素 PP 化学名称为烟酸或尼克酸，又名抗糙皮病维生素或抗癞皮病维生素。它是一种白色晶体，易溶于水和乙醇，耐热性强，在空气中也稳定。人体缺乏维生素 PP 会发生癞皮病，其主要症状是精神衰弱和腹泻，发生对称性皮炎症。维生素 PP 在体内可变成辅酶，与其他酶合作可促进体内新陈代谢。

牛肉、猪肝、酵母、肾脏、奶类、蛋类、花生及有色蔬菜中皆有较丰富的维生素 PP。

五、无机盐（矿物质、灰分）

存在于人体中的各种元素，除碳、氢、氧、氮元素主要以有机化合物形式出现外，其余各种元素无论其含量多少，统称无机盐。其中含量较多的钙、镁、钾、钠、氯、磷、硫元素称宏量元素；其他元素，如铁、铜、碘、锌、锰、钼、钴、氟、铬、镍、矾、锡、硅、硒等，由于数量少，有的甚至只有痕量，称微量元素或痕量元素。营养学上将无机盐分为必需元素（指在一切机体的正常组织中都存在，而且含量比较固定，缺乏时能发生组织上和生理上的异常，当补充这种元素后即可恢复正常或防止出现异常现象）和非必需元素（人体不需要，但可参与体内正常代谢，排出体外）、有毒元素（人体不需要但在体内积累，不能参与正常代谢，积累多了达到中毒剂量，引起中毒）三种。

1. 无机盐的生理功用

无机盐在人体内仅占人体体重的 4% ~5%，但却是生物体的必需组成成分，其功能是多方面的。

（1）是构成机体组织的重要材料。如钙、磷、镁是构成骨骼和牙齿的主要成分，磷、硫是构成组织蛋白的重要成分。无机盐参与某些具有特殊生理功能物质的组成，如铁是血红蛋白和细胞色素酶系的重要成分，碘是甲状腺素的重要成分，铜是多酚氧化酶的成分，锌是胰岛素不可缺少的成分，氟是牙釉质的成分等。细胞内液中普遍含有钾，而细胞外液中普遍含有钠。

（2）维持体内酸碱平衡。钙、镁、钾、钠等金属元素是体内碱性无机盐的储备源，磷、氯、硫等非金属元素则是体内酸性物质的来源。体内酸碱平衡，有赖于无机盐的调节，而食物则是左右它们的外部条件。

（3）维持体液的渗透压。体液的渗透压主要由其中所含的无机盐（主要是氯化钠）和蛋白质来维持。一个氯化钠分子在溶液中可以电离出一个 Na^+ 和一个 Cl^-，使质点数比分子状态增加一倍，因此这一体系能维持各组织细胞一定的渗透压，从而使细胞蓄留一定量的水分，保持细胞的紧张状态，并在细胞内外物质的进出方面起着重要的调节作用。

（4）是很多酶系的激活剂。镁离子对参与能量代谢的多种酶类有激活作用，氯离子对于唾液淀粉酶、盐酸对于胃蛋白酶原等具有重要作用。由于某些无机盐离子与许多酶的活性具有密切关系，所以它们也影响着机体代谢的调节。

（5）具有维持神经和肌肉正常功能的作用。钙对血液凝固、心脏和肌肉收缩、神经细胞调节均有重要作用。钠、钾、钙、镁的浓度制约着神经、肌肉的兴奋性，钠、钾浓度增高，神经肌肉兴奋性增强；而钙、镁浓度偏低，则神经、肌肉兴奋性降低。心肌的兴奋性随钠、钙及钾、镁浓度而变化，钠、钙浓度大，则心肌兴奋性高；钾、镁浓度大，则心肌兴奋性降低。在正常情况下，体液中的无机盐均保持一定的浓度和比例，以调节神经和肌肉的兴奋性与抑制性，维持组织器官的特有生理功能。

体内无机盐的相对平衡至关重要，缺少或过多均可引起代谢机制的紊乱，从而导致各种生理和功能性病变。

2. 膳食中易缺乏的重要无机盐

（1）钙。钙在人体中含量较多，仅次于氢、氧、碳、氮，而列第五位。钙在人体内的总含量一般可达 1 300 克，约为体重的 1.5% ~2%。其中 99%的钙集中在骨骼和牙齿中，存在的形式主要为羟磷灰石；其余约 1%以游离的或与蛋白质相结合的离子状态存在于软组织、细胞外液及血液中，统称为混溶钙池。混溶钙池与骨骼中的钙维持着动态平衡，即骨中的钙不断地从骨细胞中释出进入混溶钙池；而混溶钙池中的钙又不断地沉积于成骨细胞中。这种钙的更新，成人每日约 700 毫克。钙的更新速率随年龄的增长而减慢，儿童的骨骼每 1~2 年更新 1 次，成人更新 1 次则需 10~12 年。男性在 18 岁以后，女性则更早一些，骨的长度开始稳定，但骨的密度仍继续增加若干年。40 岁以后，骨中的无机物质逐渐减少，可出现骨质疏松，但体力活动可以延缓这一过程。

1）钙的生理功用。

①钙是构成骨骼和牙齿的主要材料。人体中的钙 99%存在于骨骼和牙齿中，钙形成坚固的骨架以支撑整个身体；构成胸腔，保护心、肺；还构成头骨，保护脑髓等。

②辅助血液凝结。在血液的凝结过程中，纤维蛋白起着主要作用。纤维蛋白的合成离不开凝血酶，而凝血酶原转变为凝血酶时钙起催化剂作用。所以体内缺乏钙会影响血液的凝结。

③维持肌肉的伸缩性和心跳的规律。钙在血浆中的浓度在正常情况下是恒定的。一旦钙在血浆中的浓度明显下降，则神经、肌肉的应激性就会大大增加，导致肌肉、手足痉挛。相反，因输液或其他原因所致的血钙过高，则可引起心脏和呼吸的衰竭。

钙还对心脑功能、激素系统有重要影响，对细胞分裂、再生有应激作用。

2）钙的吸收。人体对钙的吸收主要在小肠内完成。在日常膳食中，人体摄入的钙

仅有 20%~30% 由小肠吸收并进入血液中，而 70%~80% 的钙将从粪便、尿液和汗液中排出，未被吸收。从营养学角度分析，造成人体对钙吸收障碍的因素很多，主要原因是膳食中钙摄入量较低，特殊生理阶段机体对钙的需要量增加，膳食或机体存在某些或多种影响钙吸收的因素。

①影响钙吸收的有利因素。维生素 D 的适当供给（不论是由膳食供给的维生素 D 还是紫外线照射）有利于钙的吸收。维生素 D 可诱导体内合成一种钙结合蛋白质，这种蛋白质有利于钙通过肠壁的输运，以增进钙的吸收，膳食中的蛋白质可以增加小肠吸收钙的速度。这是由于在蛋白质消化过程中所释放出来的氨基酸，特别是赖氨酸和精氨酸，可以与钙形成容易吸收的可溶性钙盐，乳糖可与钙形成可溶性络化物，加快小肠吸收钙的速度。凡能增加肠内酸度的物质都有利于钙的吸收，如乳酸、醋酸、氨基酸，均能促进钙的吸收。食物中钙的浓度大，以及机体需要量大，也有利于钙的吸收。

②影响钙吸收的不利因素。草酸和植酸可以与钙形成不溶性草酸钙、植酸钙，影响钙的吸收。所以在选择供钙的食物时，不能单纯地考虑钙的绝对含量，还应注意草酸、植酸的含量。另外，膳食中的磷酸盐能与钙结合成难溶性磷酸钙，也会影响钙的吸收，所以在膳食中钙、磷应有适宜的比例，成年人钙磷之比为 1∶1~1∶2，儿童为 1.5∶1。当钙磷比小于 1 时，会影响钙在体内的留储，而引起骨质疏松。脂肪过多，特别是饱和脂肪酸过多可抑制钙的吸收。因为脂肪与钙结合可形成不溶性钙皂，称为皂化作用，影响钙的吸收。年龄和肠道状态与钙的吸收也有关系。钙的吸收随年龄的增大而逐渐减少，所以老年人易骨折，难愈合。腹泻时肠道蠕动太快，食物在肠道停留时间短，有碍于钙的吸收。

3）钙的日供量及食物来源。

儿童日钙摄入量应为 0.5~1.1 克，成人日钙摄入量应为 0.8~1.5 克，孕妇日钙摄入量应为约 1.5 克，乳母日钙摄入量应为约 2.0 克。

含钙量较高且易于被人体吸收利用的食物是奶和乳制品。此外，水产品也是钙的主要来源。鱼类等水产品内含有吸收钙必需的维生素 D，钙、磷比例为 1∶1~1∶2，有利于钙的吸收。其他含钙较多的食物有芝麻、豆类及豆制品，新鲜的绿叶菜等。含钙量较高的食物及其含量见表 6–7。

（2）铁。铁是人体重要的必需微量元素之一。成人体内含铁约 3~4 克，主要以铁蛋白及含铁血红素的形式存在。其中血红蛋白是人体内铁的最主要储存形式，约占体内铁的 72%，肌红蛋白铁约占 6%。此外，铁还存在于运铁蛋白及含铁的酶中。

表 6-7　含钙量较高的食物及其含量

食物名称	含钙量（毫克 /100 克）	食物名称	含钙量（毫克 /100 克）
石螺	2 458	芝麻酱	1 170
虾皮	991	牛奶	104
虾米	555	黄豆	191
河虾	325	雪里蕻（腌）	294
海参（鲜）	285	苋菜（绿）	187
海带（鲜）	348	空心菜	115
紫菜（干）	246	油菜	148
木耳（干）	292	鸡蛋黄	112

1）铁的生理功用。铁是构成细胞的原料，参与血红蛋白、肌红蛋白、细胞色素及某些酶的合成，与氧在机体内的运转密切相关。

铁还是肌肉、肝、脾、骨髓，以及细胞色素酶、细胞色素氧化酶等一些酶的组成成分，参与体内的氧化还原过程。人体缺铁时，主要表现为面色苍白、全身无力、易疲劳、头晕、气促、心跳过速等缺铁性贫血（亦称营养性贫血）症状。

2）铁的吸收。食物中的铁在人体内由消化道、十二指肠和小肠上部吸收，吸收率一般在 10%以下，无机铁比有机铁易吸收。无机铁指血红素铁，多存在于肉类、肝脏、禽类及鱼类中；有机铁是指非血红素铁，主要存在于植物性食物中。凡容易在消化道中转变成离子状态的铁都易吸收。

食物中一些还原物质，如维生素 C、柠檬酸、盐酸，能促进铁的吸收；而磷酸、植酸、鞣酸等能与铁形成不溶性铁盐，影响铁的吸收。这些不利于铁吸收的物质主要存在于植物性食物中，所以植物性食物中铁的吸收率较低，而动物性食物中铁的吸收率较高。另外，人体胃酸缺乏及腹泻也会影响铁的吸收。

3）铁的日供量及食物来源。铁一旦被吸收后可在体内反复利用。因此人体对铁的需要量不多，成人每日供给 12~15 毫克就能满足体内需要。

膳食中铁的良好来源为动物肝脏（尤其是猪肝中铁含量多且人体利用得好）、肾、心、瘦肉、大豆、红枣、木耳、绿叶菜等。

（3）碘。碘是人体必需微量元素之一。碘在人体内含量很少，健康的成人体内含碘约 50 毫克，其中 20%存在于甲状腺内，其余的碘存在于肌肉等组织中。

碘主要用于机体甲状腺素的合成。甲状腺素是一种激素，能调节体内的新陈代谢，特别是参与能量代谢。含碘丰富的食物主要为海产品，如海带、紫菜、海鱼、海盐、蛤蜊等。

（4）镁。镁是组成人体的重要无机盐之一。成人体内含镁 20~30 克，仅次于钾、钠和钙的含量。人体内的骨骼和牙齿含镁量最高，约占人体内镁总量的 10%以上，其次是心、肝、肾等器官。

镁对心脏活动具有重要的调节作用，它通过对心肌的抑制作用，使心脏的节律和兴奋传导减弱，从而有利心脏的舒张和休息。镁可与钠、钾、钙等离子一起，共同调节和维持心脏的节律性跳动及兴奋传导功能；可以保护心血管，减少血液中胆固醇的含量，防止动脉硬化；还可以扩张冠状动脉，增加心肌供血量；能扩张外周血管，有防治高血压的作用。另外，镁是酶的激活剂，能促进人体内三磷酸腺苷酶、胆碱酯酶、磷酸酶等多种酶的活性，加速人体新陈代谢。

人体缺镁，除会导致抽搐和动作震颤外，还会引起痉挛、眩晕、出汗过多、记忆力下降、感情冷淡、精神抑郁，甚至会产生妄想症。

人体内镁的来源主要是食物。含镁丰富的食物有青豆、黄豆、红豆、荞麦、玉米、蘑菇、茴香、青椒、香蕉、红果等。

（5）钾。钾是人体生长发育过程中不可缺少的重要无机盐。钾参与体内糖类和蛋白质的代谢，与钠元素互相协调，维持体内水盐平衡。

营养学家认为，钾、钠两种无机盐在日常食谱中应保持平衡，比例大约为 2∶1。就是说，如果人体每日需要 4 克的钾，那么钠的摄入量应为 2 克。倘若钠摄入量超过与钾摄入量的正常比例，就会导致机体缺钾。

除了钠以外，引起缺钾的因素还有长期患慢性疾病，多次进行外科手术，经常呕吐或腹泻，出汗过多等。另外，食用酒精、咖啡及吸烟，也对人体内钾的含量产生影响。

防止缺钾就要控制钠盐的摄入。另外，多吃豆类、水果和新鲜蔬菜，是补充钾的最好途径。

（6）钠。钠是体内重要的无机盐之一。正常成人体内钠含量一般约为每千克体重 1 克。其中 50%的钠在细胞外液中，40% ~45%在骨骼中，约 10%存在于细胞内。钠是血浆中的主要阳离子，占阳离子总量的 90%以上，故对保持细胞外液的水分起主要作用。其在维持体内的酸碱平衡和保持神经、骨骼肌兴奋性等方面，也有重要意义。

钠的主要来源是膳食中的食盐。除食盐外，膳食中其他调味品，如酱油中的钠含量也很高，海产品及咸菜、熟肉制品等也含有一定数量的钠。日常所吃的蔬果和饮用水也含有钠。因此，纯饮食性缺钠是不易发生的。相反，膳食中钠摄入量过多（成人每日摄入钠的总量应在10克以下），造成的危害则更为突出，最主要的危害是引起高血压病。

六、水

人体内的代谢变化是在体液中进行的，而体液是由水、电解质、低分子有机化合物和蛋白质组成的，广泛分布于组织细胞内外，构成人体的内环境。所以体内不存在纯水，而是溶解了多种有机物和无机物的溶液，故称体液。

1. 水的生理功能

人体的体液随年龄的增长而减少。新生儿体液占体重的80%左右，成年人约占60%。另外，人体体液总量也随着体内脂肪的增加而减少。

水是体内物质代谢必不可少的。营养物质溶于水才能被充分吸收。物质代谢的产物又必须通过水运送和排泄。因此，水是把养分运到细胞，并把废物排出体外的媒介。

水在体内有润滑作用。如泪液可防止眼球干燥，唾液有利于吞咽及咽部湿润。此外，关节滑液、胸膜和腹膜的浆液、呼吸道和胃肠道黏液等也有良好的润滑作用。

水可以调节体温。因为水的比热容大，1克水温度升高1 ℃比同量其他物质所需热量多，因而水能吸收较多热量而本身温度升高不多。水的蒸发热较大，故蒸发少量的汗就能散发大量的热。血液约含90%的水，它的流动性大，能随血液循环迅速到达全身从而调节体温，使体温不因环境温度的改变而有明显变化。

水还可以使皮肤柔软，有伸缩性。

2. 水的日供量及食物来源

人体每日从外界摄入水，又不断地向外界排出水。摄入与排出的水量虽然受体质、气候等多种因素的影响，但在正常情况下，每日的摄入量与排出量保持着动态平衡，使机体保持着正常的含水量，即水平衡。水以液体或食物成分的形式进入机体（包括食物在人体内分解产生的代谢水），以出汗、呼出水蒸气、排尿、排便的方式排出体外。在正常情况下，通过各种来源摄入的水量与各条通道排出的水量基本相等。

正常成人每天平均摄入水量为2 500毫升左右。

机体所需的水主要来源于以下几种物质。

（1）饮用水。饮用水的质量对人体至关重要。水质的主要衡量标准之一是水质硬度。水质硬度是否适当，与人体心血管疾病密切相关。水的硬度是指溶解在水中盐类

的含量。水中的钙盐和镁盐含量多，则水的硬度大，反之则硬度小。

（2）食物水。许多固体食物中含大量的水分。水果、蔬菜含水量在90%以上，即使是“干”食品中也同样含有水，如挂面的含水量为12.7%。

（3）代谢水。代谢水是指糖类、脂类、蛋白质在人体内氧化时所产生的水。每100克糖氧化时可产生55毫升水，100克脂肪氧化时可产生107毫升水，100克蛋白质氧化时可产生41毫升水。一般混合性食物每生热418.4千焦，约可产生12毫升的水。

3. 喝水的科学原则

（1）应该保持体内水的“收支平衡”。成人每日水的进出量约为2 500毫升。

（2）饥渴时不能暴饮水。暴饮会增加心脏负担，使血液浓度降低，甚至出现心慌、气短、出虚汗等现象。

（3）不要边吃饭边喝大量的水，否则会导致胃酸浓度下降，不利于食物消化、吸收。

第二节　人体对热量的需要

一、人体热能的产生

人体所需的热能是食物中的热源质，即食物中的糖、脂、蛋白质经人体的消化吸收后，在组织细胞内进行生物氧化反应，释放出分子内蕴藏的化学能，生成高能化合物三磷酸腺苷（ATP），再转变成机体所需要的各种能。总能量的50%以上转变成维持体温的热量，其余的50%能量转为能够做功的化学能、机械能、神经传导能等，这些能统称为“生理氧化热”。因为生理氧化热产生能，所以称为热能，热能具有一定的数量，故称为热量或能量。人体需要的热能主要满足人体在各个方面的消耗。

二、人体对热量的消耗

1. 维持基础代谢需要消耗热量

基础代谢是指机体完全处在休息状态下，如清醒、静卧、空腹（饭后10~12小时）时，维持机体内部的生理活动，如血液循环、呼吸、心脏跳动及细胞活动等的最低能量消耗。基础代谢率与体表面积成正比，并受年龄、性别、气候、疾病、营养状况、内分泌等的影响。年幼者比年老者高，男子比女子高，体瘦者比体胖者高，居住在寒冷地带者比温暖地区者高，营养状态良好者比长期营养不足者高，发烧时基础代谢增高。

2. 劳动及其他活动需消耗热量

人们每天要从事不同的活动和劳动，均需要热量。从事重体力劳动比从事轻体力劳动所需要的热量多，从事体力劳动比从事脑力劳动所需要的热量多。活动的方式、劳动强度、持续时间、环境条件以及工作的熟练程度不同，所消耗的热量都有所不同。

3. 食物特殊动力作用需要消耗热量

人类摄入任何食物后，都可以使机体基础代谢率增高。此种由于摄入食物而引起的机体能量代谢的额外增高，称为食物特殊动力作用。因为这种热能在体内不能再回来做功，只能向体外散发掉，所以在供给热能时，必须考虑这种特别的能量消耗。

各种热源质食物的特殊动力作用并不相同。蛋白质最强，占蛋白质本身所产生热量的20%左右；糖类占本身所产热量的1.4%；脂肪占本身所产热量的6%左右。一般情况下，吃普通膳食食物特殊动力作用所引起热量的额外消耗每日约为628~837千焦。这种特殊动力作用在进食7~8小时后达到高峰。

4. 生长发育需要消耗能量

生长期儿童及孕妇、哺乳期女性由于组成新的构造需要热量，每天由食物供给的热量应比自身消耗热量多。

因此，人体总热量消耗量等于基础代谢消耗的能量加上活动消耗的能量，以及食物特殊动力作用消耗的能量、生长发育所需要的能量。

三、人体热量供耗的平衡

人体对热量的需要来自食物中的热源质。1克糖在人体内生理氧化可提供热量16.72千焦，1克脂肪在人体内生理氧化可提供热量37.62千焦，1克蛋白质在人体内生理氧化可提供热量16.72千焦。热量的供给应根据人体对热量的需要而定。需要多少就供给多少，或者说摄入了多少热量大约要能消耗掉多少热量。也就是说热量的供耗要维持相对的平衡。倘若饮食安排不当，热量供耗长期不平衡，无论是热量不足还是过剩均会影响身体健康。

提供给人体的热量如果长期达不到人体对热量的需要量，那么人体内储存的糖原和脂肪将被动用，以补充热量的不足。热量继续不足，就要动用体内的蛋白质氧化来补充热量。这样机体会出现消瘦、体重下降、精神萎靡、皮肤干燥、贫血、乏力、抵抗力弱的问题，引起营养不良多发病症。

提供给人体的热量如果长期大于人体对热量的实际消耗，过剩的热量将会在人体内转化成人体的脂肪，使皮下脂肪层加厚，人会体态臃肿，动作迟缓。体腔内脂肪增多将会增加心脏、肺的负担；组织器官内脂肪增多，则会造成血脂增高，血清胆固醇增高，易发生脂肪肝、冠心病、心脏病、糖尿病及多种心血管疾病。

一个人体重在正常范围内，可以说明人体内热量供耗的平衡，也可以基本说明人体的营养状况。人们可通过饮食的调节，维持正常的体重，以保持健康的身体状况。当然，人体体重在正常范围内不能说明人就一定没有疾患。

第三节　热量营养素的计算

一、每日所需总热量计算

1. 计算标准体重（千克）

计算标准体重的方法很多，目前没有统一的规定。为了方便，可采用下面的方法。

1~6 个月婴儿：标准体重（千克）= 出生体重（千克）+ 月龄 ×0.6

7~12 个月婴儿：标准体重（千克）= 出生体重（千克）+ 月龄 ×0.5

1~12 岁儿童：标准体重（千克）= 年龄 ×2+8

12 岁 ~ 48 岁人员：

女性标准体重（千克）=［身高（厘米）–100］±10%

男性标准体重（千克）=［身高（厘米）–105］±10%

49 岁以上人员：标准体重（千克）=［身高（厘米）–105］×0.9

2. 按不同的劳动强度找出每日每千克体重所需热量，计算总热量

总热量 = 标准体重（千克）× 每日每千克体重所需热量

例 7–1　某男 28 岁，从事中等体力劳动，身高 176 厘米，试计算其每日所需热量。

解：

（1）计算标准体重。

176–105=71（千克）

（2）查得每日每千克体重消耗热量。查得中等体力劳动者每日每千克体重消耗热量为 188~209 千焦。

（3）计算每日所需总热量。

71×（188~209）=13 348~14 839（千焦）

二、热源质营养素每日需要量的计算

（1）查得每日所需总热量。

（2）根据蛋白质、脂肪、糖类分别占总热量的比例（10%~15%、20%~25%、60%~70%），计算出每日所需蛋白质、脂肪、糖类所产生的热量。

（3）根据蛋白质、脂肪、糖类每克所产生的生理有效热，计算蛋白质、脂肪、糖类的每日需要量。

例 7–2　某女 30 岁，从事轻体力劳动，试计算其每日需要蛋白质、脂肪和糖类的量。

解：

（1）查得每日所需总热量。查得 30 岁女性轻体力劳动者每日所需总热量为 7 530 千焦。

（2）计算蛋白质、脂肪、糖类需分别生产的热量。

蛋白质所产生的热量为：7 530×（10%~15%）=753~1 129.5（千焦）

脂肪所产生的热量为：7 530×（20%~25%）=1 506~1 882.5（千焦）

糖类所产生的热量为：7 530×（60%~70%）=4 518~5 271（千焦）

（3）计算每日所需蛋白质、脂肪、糖类的量。

蛋白质需要量为：（753~1 129.5）÷16.72 ≈ 45~68（克）

脂肪需要量为：（1 506~1 882.5）÷37.62 ≈ 40~50（克）

糖类需要量为：（4 518~5 271）÷16.72 ≈ 270~315（克）

第四节　食物的消化

食物中所含有的人体必需营养成分中，水、无机盐和维生素一般由消化道壁直接吸收，而糖类、脂类、蛋白质等结构复杂的大分子物质，不能直接被人体吸收和利用。它们必须经过消化道的物理和化学变化，成为结构简单的易溶于水的小分子物质，才能被人体吸收。这种在消化道内将食物由大变小，进行化学分解，使其成为可以吸收的物质的过程，称为食物的消化。消化后的营养物质通过消化道壁进入循环系统的过程叫作吸收。食物的消化、吸收、排泄，是由口腔、食管、胃、肠、肝、胆、胰，以及许多腺体协同完成的。

一、食物的消化

1. 口腔内的消化

食物的消化过程是由口腔开始的，但是消化的准备工作在食物还没有进入口腔以前就已经开始了。人饥饿时看到食物，嗅到食物的香味，口腔里就会有大量的唾液分泌出来。唾液是一种重要的消化液。口腔里有三对大的唾液腺——腮腺、下颌腺、舌下腺，还有一些零散的腺体，每天大约分泌 1 200~1 500 毫升唾液。唾液里含有一种能把淀粉分解成麦芽糖的消化酶，叫“淀粉酶”。食物经过口腔，通过牙齿咀嚼和舌头的搅拌作用，被切碎、磨细，并与唾液混合，形成食物团。食物的色、香、味诱发的食欲又会引起肠胃的蠕动，调动起许多腺体，分别分泌胃液、肠液、胰液和胆汁，为食物进入胃肠进一步消化做好准备。

2. 胃内的消化

食物被吞咽后经食道由贲门进入胃内。胃黏膜有许多皱襞，胃扩张时皱襞消失，黏膜上皮凹陷，形成胃腺。胃液就是由胃腺分泌出来的消化液。成人每昼夜分泌约 1 500~2 000 毫升胃液。胃液的主要成分是胃蛋白酶、盐酸（即胃酸）和黏液等。胃蛋白酶是胃液中的主要消化酶。胃腺最初分泌的是无活性的胃蛋白酶原，在盐酸或已有活性的胃蛋白酶作用下，变为有活性的胃蛋白酶。胃酸的酸度很高，不仅能杀死随食物进入胃内的细菌，而且能把食物团浸泡松软，使胃蛋白酶保持充分的活性。如果胃酸分泌不足，会引起消化不良，出现明显的食欲减退；而如果胃酸过多，对胃和十二指肠黏膜会具有侵蚀作用，是发生溃疡病的原因之一。由口腔初步加工过的食物，一团一团地通过食管的蠕动，送到胃里。胃的主要功能是暂时储存食物，并通过蠕动，使胃液和食物充分混合，形成食糜，便于消化酶发挥作用，再把食糜推送到幽门部，然后进入小肠。

3. 小肠里的消化

小肠盘曲在腹腔里，长约 5~6 米，分为十二指肠、空肠、回肠三部分。小肠黏膜和黏膜下层向肠腔突出，形成一些环状皱襞。皱襞表面有许多细小的绒毛突起，叫小肠绒毛。小肠绒毛上又有许多微绒毛，显著地增加了小肠的吸收面积。

小肠开端的一段叫十二指肠，由于从肝脏和胆囊来的总胆管、从胰腺来的胰管都开口于此，因而它在消化过程中起着十分重要的作用。胆汁、胰液、肠液都是十分重要的消化液，参与食物的化学性消化。小肠的运动方式主要有分节运动和蠕动。分节运动反复将食糜分割成许多节段，使食糜与消化液充分混合，便于化学性消化，有助于吸收。蠕动的作用是把食糜向大肠方向推送。整个消化过程是在小肠里最后完成的。

4. 大肠的功能

大肠是消化道的最后肠段。进入大肠的已经是食物的渣滓。大肠本身没有消化作用，除了水分之外，它也不承担吸收任务。大肠的主要工作是吸收水分，使食物残渣逐渐由流体状态变成半固体状态，形成粪便，再经肛门排出体外。食物残渣在大肠内停留过久，水分被吸收过多，会形成干燥粪便，这是便秘的原因之一。食物中的纤维素虽然不能被胃肠消化吸收，但它可以增加食物的体积，刺激大肠蠕动，保持排泄系统的正常功能。

二、营养物质的消化

1. 糖类的消化

多糖淀粉在口腔内受唾液淀粉酶的作用，有一小部分可分解为麦芽糖。但由于食物在口腔内停留时间很短，因此在口腔内受唾液淀粉酶作用时间不长。食物经吞咽入胃，在胃酸的作用下，变成食糜，逐渐排入小肠。在小肠内，食糜中的淀粉及一部分已被水解而生成的麦芽糖分别受到胰淀粉酶、胰麦芽糖酶和肠麦芽糖酶的作用，分解成为葡萄糖，被人体吸收。

2. 脂肪的消化

食物中的脂肪在口腔内不起化学变化，在胃内也基本上不被消化。进入小肠后，脂肪受胆汁中胆盐的作用，乳化变成细小的脂肪微粒，大大增加了脂肪与酶的接触面积，脂肪微粒经胰脂肪酶的水解作用，分解为脂肪酸与甘油，被人体吸收。

3. 蛋白质的消化

食物中的蛋白质在胃内被胃蛋白酶分解为蛋白际、蛋白胨以及少量的多肽和氨基酸，而大部分蛋白质在小肠内被胰蛋白酶、糜蛋白酶分解为多肽，再被肠肽酶分解为氨基酸，被人体吸收。

在糖类、脂肪和蛋白质的消化过程中，胰液起着重要的作用。胰液中含有促进糖类、脂肪、蛋白质消化的一系列酶，这些酶具有分解及促进糖类、脂肪、蛋白质三大类物质消化的作用。

第七章

烹饪原料的营养特点

第一节　植物性烹饪原料的营养特点

一、谷薯类

谷类包括稻米、小麦、玉米、小米和高粱等。薯类包括马铃薯、红薯等。它们是人体热量最主要的来源。我国居民的膳食结构中，70% 以上的热量和 50% 的蛋白质是由谷薯类提供的。谷薯类在 B 族维生素和无机盐供给中也占有相当大的比重。

1. 谷粒的构造及主要营养成分分布

谷粒是由谷皮、糊粉层、胚乳、谷胚四部分组成的。

谷皮主要由纤维素、半纤维素等组成，含有一定量的蛋白质、脂肪、维生素和无机盐。

糊粉层位于谷皮下层，由厚壁细胞组成。其纤维素含量较多，蛋白质、脂肪和维生素的含量也较高。谷粒加工后会造成部分成分损失。

胚乳是谷粒最大的部分，成分几乎全部为淀粉，并含有蛋白质，而脂肪、维生素、无机盐的含量很少。

谷胚由胚芽、胚轴、胚根、子叶组成，含有极丰富的 B 族维生素和维生素 E，蛋白质、脂肪和无机盐含量也较多。

2. 谷类的营养特点

（1）谷类是膳食中热量的主要来源（每 50 克可提供热量 836 千焦），含糖量为

70%~80%，并且主要是多糖。

（2）提供丰富的 B 族维生素，其中维生素 B_1、维生素 B_2、维生素 PP 含量较多。另外，小米、玉米中含有胡萝卜素，谷类胚芽中含有较多的维生素 E。以上维生素大部分集中在胚芽、糊粉层和谷皮中。

（3）提供一定的植物蛋白质。经测定，谷类蛋白质含量为 8%~15%。其中以燕麦最多，为 15.6%，白青稞为 13.4%，小麦为 10%，大米和小米为 8% 左右。因谷粒外层蛋白质含量高，故精加工的米、面较粗米、标准粉植物蛋白质含量低。如精白面粉蛋白质含量为 7.2%，而标准粉为 9.9%。

谷类赖氨酸含量少（荞麦除外），苏氨酸、蛋氨酸含量也低，氨基酸的比例不适合人体的需要。

（4）谷类中无机盐含量约为 1.5%~3%，主要是钙、磷、钾、铁、铜、锰、锌等，大部分集中在谷皮和糊粉层中。谷类中的无机盐绝大部分以植酸盐形式存在。植酸盐不易为机体吸收利用，有 60% 左右将随粪便排出。

（5）谷类中含有少量的脂肪，但质量较好，其中大部分为不饱和脂肪酸，还有少量的磷脂。如在玉米油所含的 4% 的脂肪中，亚油酸的含量高达 60% 以上。

3. 几种主要谷薯的营养特点

（1）稻米。稻米为五谷之一，含有约 75% 的淀粉，此外还含有纤维素、半纤维素和可溶性糖。籼米、粳米所含直链淀粉较多，易溶于水，可以被 β－淀粉酶完全水解，变成麦芽糖；而糯米含支链淀粉较多，只有 54% 能被 β－淀粉酶水解，不易被人体消化。

稻米蛋白质含量约为 8%，蛋白质生物价为 77。谷类易缺的赖氨酸、苏氨酸等在稻米中含量丰富，各种氨基酸的比值接近人体的需要。此外，稻米中含有丰富的维生素 B_1，所含无机盐主要是钙、磷、铁等。

（2）大麦、小麦、荞麦。小麦内含蛋白质、糖类、淀粉酶、脂肪酶、蛋白分解酶、脂类、维生素 E、维生素 B_1、维生素 B_2 等，另外还含有麦芽糖酶、卵磷脂和钙、磷、铁等。我国北方主食主要是馒头。馒头 140 克（用面粉 100 克）含蛋白质 13.8 克、脂肪 2.5 克、糖类 59.5 克，可提供 1 327.2 千焦热量、53 毫克的钙、375 毫克的磷和 5.9 毫克的铁。因为含有多种酶，所以小麦的营养成分易于人体消化吸收。

大麦的营养成分与小麦十分相似，只是大麦中的纤维素比小麦多，虽然不如小麦好吃，但营养价值高。大麦芽中含有消化酶和多种维生素。

荞麦中蛋白质含量略高于米、面，蛋白质中赖氨酸、精氨酸的含量也超过米、面；脂肪含量约 3%，其中油酸、亚油酸含量很高；维生素 B_2、烟酸含量明显高于白面粉；

所含无机盐有磷、铁、镁等；还含有谷类中很少具有的芦丁成分。油酸、亚油酸、烟酸、芦丁具有降血脂和胆固醇的作用，可以有效地保护血管，预防心血管病的发生，也是前列腺素的主要组成部分。

（3）玉米。玉米所含营养成分丰富，每 100 克玉米中含蛋白质 8.5 克、脂肪 4.3 克、糖类 72.2 克、钙 22 毫克、磷 210 毫克、铁 1.6 毫克，还含有维生素 B_1、维生素 B_2、维生素 E 等，鲜玉米中还含有维生素 C。

玉米中所含的脂肪为精白米的 3~4 倍，并含不饱和脂肪酸，其中 50% 为亚油酸，还含有谷固醇、卵磷脂。玉米油是营养价值较高的植物油。

玉米中蛋白质的含量略高于大米，其中胶蛋白占 30%，通常在肉类中含量较高的球蛋白、清蛋白也占 20%~30%。玉米蛋白质中氨基酸的比值不适合人体的需要，缺少某些必需氨基酸，如色氨酸。

玉米中镁含量较多，镁具有防癌抗癌的作用。另外，玉米中丰富的膳食纤维可起到利便的作用。

（4）红薯。红薯又称白薯、甘薯、番薯、山芋、地瓜等，是公认的价廉味美、粮菜兼用、老少皆宜的健康食品。红薯中含丰富的蛋白质，蛋白质所含各种氨基酸的组成与大米近似，其中黏蛋白对人体有特殊的功能，能维持人体血管壁的弹性，阻止动脉硬化发生。红薯中含有较多的淀粉和纤维素，食后能在肠内大量吸收水分，增加便量和体积，可预防便秘。另外，谷物中易缺乏的维生素 C 和胡萝卜素，在红薯中也有一定的含量。

4. 谷类加工、储存中营养价值的改变

谷类经加工后，尽管除去了杂质和谷皮，利于食用和消化吸收，但由于谷粒的一些营养素在谷胚及表层含量较多，若过分提高加工精度将造成营养素大量损失。因此，加工谷类时既要使谷类有较高的消化吸收率及良好的感官性状，又要最大限度地保存营养成分。本着经济和营养兼顾的原则，我国一般将稻米加工成“九二米”（标准米），即 100 千克糙米加工成 92 千克白米；将 100 千克小麦加工成 85 千克面粉，即“八五粉”（标准粉）。从营养学的角度看，标准米、标准粉中维生素、无机盐含量比精白米、面高，消化吸收率比糙米和全麦粉高，更符合人体需要。同时，合适的出米率和出粉率，也可以减少粮食的浪费。

谷类储存中由于环境温度和湿度不同，营养素含量会有所改变，对营养价值产生影响。

在储存初期，β－淀粉酶较活跃，所含的部分糖类被水解为麦芽糖和糊精，故新米饭较为黏稠。继续储存，由于酶的活性逐渐降低，谷粒内的还原糖含量增加。而一

旦谷物含水超过15%，则还原糖氧化为二氧化碳和水。如谷物中水分继续增加，糖类受微生物作用，可产生醇和醋酸，从而出现酸味。

谷类储存过程中，在谷物中的酶和微生物的作用下，蛋白质逐步分解为氨基酸。当环境温度较高、湿度较大时，蛋白质会加速分解。

谷类储存期间，无机盐的含量没有改变。如长期储存，则有机物质含量减少，无机物质的含量增加。

谷类在储存期间维生素含量会发生变化。谷粒水分含量在17%时，5个月内可损失30%的维生素 B_1。

5. 提高谷薯类食品食用价值的措施

首先应提倡食粮混食。由于各种谷类的营养成分不完全相同，混合食用可提高其营养价值。膳食中包括一部分粗粮和杂粮，不仅可增加维生素、无机盐的摄入量，还可以利用它们之间蛋白质的互补作用，提高食物蛋白质的营养价值。

其次要注意合理烹调。水溶性维生素及无机盐均易溶于水，因此淘米时要避免过分揉搓。要尽可能蒸饭或焖饭，捞饭会损失大量营养成分，米汤及煮汤应尽量设法利用。另外，把适当的营养强化剂加到食物中可以弥补食物某些营养素的不足，提高谷类营养价值。如可在米面中加入适量赖氨酸等。强化要讲究科学，各种氨基酸的比例要适当。

二、豆类及豆制品

按照营养素的组成特点，豆类可分为两种类型：一类是以含蛋白质、脂肪为主的大豆，另一类是以含蛋白质和糖类为主的各种杂豆。

1. 大豆及其制品的营养特点

大豆所含营养素全面且丰富。每100克大豆含蛋白质36.3克，是等量大黄鱼、瘦猪肉或鸡蛋所含蛋白质的两倍多。从蛋白质的质量看，大豆蛋白质富含人体不能合成的8种必需氨基酸，特别是赖氨酸、亮氨酸、苏氨酸含量比较丰富，而蛋氨酸含量较少。

大豆含脂肪丰富，黄豆中含18.4%。大豆脂肪含有多种人体所必需的不饱和脂肪酸。它的多价不饱和脂肪酸和饱和脂肪酸比值（简称P/S值）为4.24，即前者比后者多了3倍以上。大豆脂肪不含胆固醇，只含少量的豆固醇，可以起到抑制机体吸收动物食品所含胆固醇的作用。大豆中还含有皂草甙，能降低血液中胆固醇含量。这些特点都是肉类所不能及的，故人们称大豆为“植物肉”。大豆中含有1.64%的磷脂。磷脂是人类营养中不可缺少的物质。大豆含维生素 B_1 较多，并含维生素 B_2、尼克酸等。含无机盐丰富，钙、磷、钾含量较高。同时大豆也是微量元素的“仓库”，即富含铁、铜、钼、硒、锌、锰等微量元素。

食用大豆的方法不同，其蛋白质的利用率也不同。吃法得当，大豆蛋白的消化率可达 92%~96%；反之则会浪费一半。这是因为大豆的细胞壁由纤维素组成，大豆蛋白被细胞壁紧紧裹住，使肠胃中的消化酶很难同它接触；大豆所含的胰蛋白酶抑制素能抑制胃蛋白酶对蛋白质的分解作用，使大豆蛋白不能完全分解成人体可吸收的各种氨基酸。食用干炒大豆时，因加热时间短又不易嚼碎，大豆的细胞壁和胰蛋白酶抑制素很少破坏，因而消化率仅为 50%；煮熟的大豆消化率为 65%；制成豆浆后，由于经过磨细、过滤、加热等加工过程，大豆的细胞壁和胰蛋白酶抑制素破坏得较彻底，消化率可达 85%；如果将豆浆中的蛋白凝固变性，制成豆腐及豆制品，消化率则可提高到 92%~96%。

干豆类不含抗坏血酸，但经发芽后，维生素 C 和维生素 PP 有较多的增加。如黄豆芽含有维生素 C。在缺少蔬菜的地区，可多食豆芽菜，这是补充膳食中维生素 C 不足的有效办法。

2. 杂豆的营养特点

除了大豆以外的豆类都属杂豆，主要指蚕豆、豌豆、芸豆、绿豆、红小豆、豇豆等。

杂豆含有 55%~67% 的糖类物质、20%~30% 的蛋白质和少量的脂肪，无机盐和维生素的含量也较丰富。

大部分杂豆都被用来作粮食。它们与谷类食物混合，可提高蛋白质的营养价值。豆类是高钾、高镁、低钠食品，对于心血管病人有益。

绿豆具有很高的营养价值。它的蛋白质含量比鸡肉还多（21.6%），并富含赖氨酸、亮氨酸和苏氨酸，也属于完全蛋白质。

干蚕豆的蛋白质含量高达 29.4%，是杂豆中最高的。鲜蚕豆是春末夏初上市的一种菜，无论是炒食或配于素、荤菜中，均翠绿清香、软嫩鲜美。它的营养价值很高，每 100 克净鲜蚕豆中含蛋白质 9 克、糖类 12 克，可提供 378 千焦的热量，并富含胡萝卜素、维生素 B_1、维生素 B_2、维生素 C 和铁。

干豌豆的营养价值与干蚕豆近似。它的维生素 B_1 含量相当丰富，每 100 克含 1.62 毫克，比猪肝还要多 1 倍。鲜豌豆中维生素 B_1、胡萝卜素、维生素 C 等营养素的含量也很丰富。鲜豌豆的嫩茎叶称豌豆苗，有较强烈的清香味，用它做汤味美可口，营养价值可与大多数绿叶菜媲美。豌豆中的蛋白质属不完全蛋白质。

三、蔬果及菌藻类

1. 蔬菜的营养特点

蔬菜是膳食的重要组成部分。大多数蔬菜的含水量在90%以上，糖类的含量不高。只有含淀粉较多的根菜，如土豆、芋头、山药等含糖较多，每100克可提供约336千焦热量。蔬菜中蛋白质含量很低，一般在1%~3%，缺少赖氨酸和蛋氨酸。脂肪含量更微，一般含量在0.5%以下。因此蔬菜不能作为热量的来源。但是蔬菜在膳食中非常重要，是无机盐、维生素和膳食纤维的重要来源。

蔬菜可分为叶菜类、根茎类、瓜茄类及鲜豆类。

叶菜类富含胡萝卜素、维生素C、维生素B_2、叶酸、胆碱等维生素。维生素含量较多的有油菜、苋菜、雪里蕻、菠菜、生菜、小白菜等。同时，叶菜也是钙、磷、铁等无机盐的“宝库”，尤其是含铁丰富。

根茎类如芋头、山药、土豆、藕中的淀粉含量较多。土豆、芋头蛋白质和维生素的含量也较多。

瓜茄类的营养价值一般较低，但辣椒、西红柿、黄瓜、苦瓜等的营养价值很高。

鲜豆类的蛋白质、维生素、无机盐含量均比其他蔬菜多，蛋白质的质量也较谷类好，在膳食中作为副食与谷类食品蛋白质可起到互补作用。鲜豆类中的铁易被人体利用。

2. 几种主要蔬菜的营养特点

（1）白菜。白菜古时称菘，又称结球白菜、黄芽菜、包心菜等。原产我国，其历史比粮食作物还要久远，已有6 000多年的历史。大白菜是我国北方冬、春两季的主要菜品之一。

白菜含丰富的维生素C、钙和磷，每100克含维生素C 37毫克、钙140毫克；另外含铁、胡萝卜素和B族维生素。成人一天吃350~400克大白菜就可满足维生素C的需要。白菜中富含微量元素锌，锌能促进儿童的生长发育。此外，与中枢神经活动有密切关系的微量元素锰与能促进造血的铜在白菜中的含量也很丰富。白菜中还含有钼，钼能阻断体内形成亚硝胺，具有防癌作用。白菜要现炒现吃，不要吃隔夜或放置时间过久的白菜，更不能吃腐烂的白菜。

（2）菜花。菜花又名花椰菜、花菜，原产于欧洲。菜花中含有多种营养素，特别是维生素C的含量可观，每100克中达60毫克以上。菜花中含有多种吲哚的衍生物，能增强动物对苯并芘等致癌物的抵抗力，因而具有抗癌作用。

菜花宜用急火快炒的方法烹制。可采用水焯及滑油的方法让其断生，再放入炒锅颠翻几下，调味后迅速出锅，能较好地保持其营养成分。

（3）洋白菜。洋白菜又名卷心菜、大头菜、圆白菜等，学名为球叶甘蓝，是从国外传入我国的菜种。洋白菜营养价值高，每 100 克洋白菜含维生素 C 60 毫克以上，而且在适度加热时，维生素 C 不但不会因遭破坏而减少，反而含量还会有所增加，这是抗坏血酸结合物转化为维生素 C 的结果。洋白菜含有丰富的钙和微量元素钼、锰等。洋白菜中的果胶、纤维素能结合并阻止肠内吸收胆固醇、胆汁酸，因而对动脉硬化、胆石症患者及肥胖者有益。洋白菜中的糖类主要是葡萄糖和果糖。新鲜的洋白菜汁可提高胃肠内膜上皮的抵抗力，使代谢正常化；其中还含有植物杀菌素和芥子挥发油，可起到抑菌作用。

（4）西红柿。每 500 克西红柿可提供给人体 9 克糖、1.4 克脂肪、2.8 克蛋白质和多种维生素，如胡萝卜素、B 族维生素。西红柿中还含有占总重量 0.6% 的各种无机盐，其中钙、磷较多，锌、铁次之，还有镁、氯、钾、锰、碘等。西红柿中含有苹果酸、柠檬酸、番茄素，苹果酸对维生素 C 有保护作用，番茄素有杀菌、抑菌作用。

西红柿中的维生素 P 可保护血管，防治高血压。果汁中的氯化汞对肝病有辅助治疗作用。

不能生吃未成熟的西红柿。因未成熟的西红柿中含有毒性物质番茄碱，吃多了会发生中毒。这种毒性物质的含量随西红柿的不断成熟而逐渐降低，成熟后基本消失。

3. 水果的营养特点

水果分为鲜果类、干果类和硬果类。

鲜果主要含水分、无机盐和维生素 C。有色鲜果，如红果、橘子、鲜枣、樱桃，不但维生素 C 含量丰富，而且含有较多的胡萝卜素和多种有机酸。有机酸在人体内可较快氧化，有助于钙和铁的吸收。

干果是新鲜水果加工干制而成的，维生素特别是维生素 C 损失较多，但干果中一般铁、钙等无机盐含量相对较高。

常见的硬果有花生、核桃、栗子、松子、白果、榛子、杏仁和各种瓜子。这些硬果中脂肪、蛋白质、铁和钙等的含量都相当丰富，有些还含有较多的维生素 B_1 和维生素 B_2。

4. 食用菌的营养特点

食用菌既不同于植物性食物，又不同于动物性食物，可以称为真菌食物。白蘑菇、平菇、香菇、草菇、猴头菇、黑木耳、白木耳等均属真菌。

食用菌营养丰富，味道鲜美，具有高蛋白低脂肪的特点，因而有“保健食品”的

美称。新鲜蘑菇中蛋白质含量为3%~4%，比大多数蔬菜高得多；而干蘑菇中蛋白质含量高达40%，大大超过动物性食物中蛋白质的含量。

食用菌蛋白质的氨基酸组成较平衡，尤其是赖氨酸和亮氨酸含量较多。食用菌的维生素含量也很丰富，主要有维生素 B_1、维生素 B_2 和维生素 C，维生素 B_{12} 含量也很高，是膳食中维生素 B_{12} 的良好来源。成人每天食用25克鲜蘑即可满足人体一天对维生素的需要。另外，食用菌还含有丰富的钠、钾、锰、锌、碘，以及己糖醇、海藻糖、甘露醇、酪氨酸酶等物质。

5. 海藻的营养特点

海藻是海洋植物的总称。食用海藻主要有绿藻、褐藻和红藻等。绿藻有石莼等，褐藻有海带、裙带菜等，红藻有紫菜、石花菜等。

蛋白质的含量高，如紫菜高达28.2%。其氨基酸的组成接近陆上叶菜，但精氨酸的含量较高。

糖类是海藻的主要成分，主要是黏多糖，此外还有微量游离糖类，以及淀粉、膳食纤维等。褐藻胶是一种黏多糖，因其钠盐或钙盐存在于褐藻中，食后不能被消化利用，只可作食品的添加剂，用于冰激凌、果酱等食品中。海带糖在海带等褐藻中含量较多，是细胞内的储藏物质，似糊精样，可分解为葡萄糖，故可消化。甘露醇糖在褐藻中含量较多，绿藻类较少。海带表面的白粉即甘露醇糖，具有微弱的甜味。琼脂在石花菜等红藻中含量较多，食后完全不能消化，但有利排便。

海藻中含有各种维生素，紫菜中富含维生素 A、维生素 B_1、维生素 B_2、维生素 B_6、维生素 B_{12}。

海藻中最具有营养价值的成分是其所含的无机盐，如钾、钙、氯、钠、硫、铁等，且含量多。海藻中还含有多量的碘和溴，碘在海带中含量最多，裙带菜次之，紫菜较少；溴在红藻中含量最多，褐藻次之，绿藻中几乎没有。

第二节　动物性烹饪原料的营养特点

一、肉类

肉类分为家畜肉和禽类肉两类。家畜肉包括牛肉、羊肉、猪肉、兔肉等；禽类肉包括鸡肉、鸭肉、鹅肉等。它们的营养成分含量随种类、生长周期、部位及肥瘦程度的不同而有着显著差异。

1. 肉类的营养成分

肉类蛋白质的含量一般为10%~20%。其中肝脏蛋白质含量最高，达21%以上，其次是瘦肉，含量约17%。

肉类脂肪含量约为10%~30%，其主要成分为各种脂肪酸和甘油三酯，还有少量卵磷脂、胆固醇和游离脂肪酸等。肉类脂肪以含饱和脂肪酸为主。

肉类无机盐的含量为0.6%~1.1%，其中钙、铁较多；含磷多，每100克达170毫克，且吸收率高。肝、肾中的无机盐含量更高，如100克猪肝约含铁25毫克，100克牛肝中含铁约为9毫克，是肌肉组织的10倍。

动物的内脏尤其是肝脏维生素的含量最高。不仅含有丰富的B族维生素，还含有大量的维生素A、维生素D等。肉类的肌肉组织中维生素含量少，但猪肉中维生素B_1的含量较高。

肉中的糖类以糖原形式存在，含量约为1%~5%。

2. 肉类的营养特点

肉类蛋白质属完全蛋白质，其氨基酸的组成接近人体组织蛋白质所需的比例，消化吸收率很高，是膳食中优良蛋白质的来源之一。肉类脂肪中含有较多的饱和脂肪酸，如猪肉脂肪中含40%，牛肉脂肪中含53%，羊肉脂肪中含57%，不易被人体消化吸收。另外，肉类含有较多的胆固醇，100克肥猪肉或牛肉、羊肉中的胆固醇含量一般可达100~200毫克，内脏中含量更高。

肉类经烹调后，能释放出肌溶蛋白、肌肽、肌酸、肌酐、嘌呤碱和氨基酸等物质，总称为含氮浸出物。肉汤中含氮的浸出物越多，汤的味道越鲜美，刺激胃液分泌的作用也越大。一般来说，幼小动物的肉比成年动物的肉浸出物少；而禽类肉含氮浸出物较多（尤其是生长周期长的），所以鸡肉汤味道鲜美。

一般来说，禽类肉所含的营养成分与家畜肉接近。由于禽类肉有较多的柔软的结缔组织，而且脂肪均匀地分布于肌肉组织中，所以禽类肉比家畜肉味道更鲜美、口感更脆嫩，更易于消化。

二、蛋类

蛋类的蛋白质含量约为13%~15%，蛋黄中蛋白质含量高于蛋清，约为16%。蛋黄中主要为卵黄磷蛋白，蛋清主要为卵清蛋白，这两种蛋白质是目前天然食物中最好

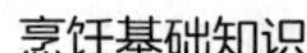

的蛋白质，称“基准蛋白”或“足价蛋白”。蛋类氨基酸的组成与人体组织蛋白质所需的比例十分相似，其蛋白质几乎能被人体全部吸收和利用。

蛋类中的脂肪含量约为 11%~15%，几乎全部集中在蛋黄中。其中 39% 为中性脂肪，15% 为卵磷脂，3%~5% 为胆固醇。一个约 50 克重的鸡蛋约含胆固醇 200 毫克，主要集中于蛋黄中。蛋黄中尚有 4% 左右的卵磷脂蛋白。卵磷脂进入血液后，会使胆固醇、脂肪颗粒变小，并使之保持悬浮状态，从而阻止胆固醇和脂肪在血管壁上沉积。身体健康的老年人每天吃两个鸡蛋，其 100 毫升血液内的胆固醇值最多增加 2 毫克。

三、奶类

奶类中含水分 86%~87%；总乳固体约 13%，其中脂肪 3.4%~3.8%，蛋白质 3.3%~3.5%，乳糖 4.6%~4.7%，无机盐 0.7%~0.75%。

奶中的蛋白质主要为酪蛋白，其次是卵球蛋白和卵白蛋白，它们中含有人体必需的氨基酸，是婴幼儿生长发育所必需的物质。每升牛奶中含有的氨基酸可以满足成年人每日所需。

奶中的脂肪颗粒很小，呈高度分散状态，消化率高。其脂肪酸分为水溶性挥发脂肪酸、非水溶性挥发脂肪酸、非溶性不挥发脂肪酸。其中水溶性挥发脂肪酸构成的脂肪风味最好，是其他动、植物脂肪所不能比的。奶类脂肪中油酸占 30%，亚油酸、亚麻酸仅占 3%。100 克奶中胆固醇含量约为 7~17 毫克，100 克奶油中胆固醇含量则高达 168 毫克。

奶中的糖类（即乳糖）含量为 4.6%~4.7%。乳糖的甜度为蔗糖的 1/6，它是一种双糖，有利于婴幼儿的生长发育，能促进肠道内有益乳酸菌的生长，还可以促进钙和其他无机盐的吸收。

奶中的无机盐含量约为 0.7%~0.75%，以钙、磷、钾为主。100 克奶中含钙 120 毫克，且吸收率很高。

奶中的维生素以维生素 B_2、维生素 A、维生素 B_1 为主，是维生素 B_2 的良好来源。此外，动物在夏季食用青草饲料，可使奶中含有部分胡萝卜素和维生素 C。

酸奶是鲜奶经人工加入纯净的发酵菌——乳酸菌并添加白糖，让其自然发酵产酸制得的乳制品。酸奶不仅保留了牛奶原有的全部营养成分，而且酸奶中的蛋白质、脂肪变得易于消化，钙、磷、铁利用率也大为提高。酸奶中乳酸等有机酸成分可有效地抑制肠道内伤寒杆菌、痢疾杆菌、葡萄球菌的繁殖；乳酸可增进食欲，促进胃肠蠕动，具有防治老年人便秘和儿童不良性腹泻的功效；酸奶可维持肠道菌群的平衡，增加有益菌群，抑制腐败菌；防止腐败菌分解蛋白质，产生毒物堆积，对防治肿瘤具有重要意义。

四、水产品

水产品包括海产鱼、河湖淡水鱼及各种水产动、植物，如虾、蟹、贝类、海参、海带等。它们是膳食中蛋白质、无机盐、维生素的良好来源。

1. 鱼类的营养特点

鱼类蛋白质的含量在 15%~20%，蛋白质中必需氨基酸的组成与肉类很接近，属于完全蛋白质，尤其是蛋氨酸、赖氨酸的含量较高，是生物价较高的优良蛋白质之一。鱼肉由肌纤维较细的单个肌群所组成，在肌群中存在着相当多量的可溶性成胶物质，组织结构柔软，是肉类中最容易消化的一种。鱼肉煮熟后损失的水分只有 10%~30%，比家畜肉少（家畜肉失水达 50%），因此肉质细嫩、松软，进食后容易受到消化液的作用，消化吸收率高达 87%~89%，是老幼皆宜的食物。

鱼类脂肪含量为 1%~10%，一般在 3% 以下。个别鱼种脂肪含量高，如鳊鱼（武昌鱼）为 15%。脂肪主要集中在鱼皮、内脏和脑部，成分与组成和家畜肉明显不同，大部分为不饱和脂肪酸，而且多价不饱和脂肪酸占的比例很大。鱼类脂肪的消化率可达 95% 以上。在深海鱼的脂肪中富含两种多价不饱和脂肪酸，备受人类的重视。其一是 EPA，即二十碳五烯酸，具有很强的降低血液中性脂肪的能力，对降低胆固醇有显著效果；同时它可以疏通血栓，降低血液黏稠度，改善血流。其二是 DHA，即二十二碳六烯酸，对大脑细胞尤其是脑神经传导和突触细胞的生长发育有极其重要的作用，可增强脑功能。人脑中脂质的 10% 是 DHA，唯有水产动物尤其是深海鱼中含有丰富的 DHA，故常吃鱼有健脑、改善记忆的作用，还可以预防老年性记忆力衰退和痴呆。

另外，鱼油的保健作用已被确认，其能改善大脑机能，提高记忆力，降低胆固醇，具有防止血栓形成、防治动脉粥样硬化和冠心病的作用。

鱼类无机盐含量比其他肉类高，达 1%~2%，主要含钾、钙、磷等，也含有硫、铁、铜、碘等微量元素。

鱼类含维生素 B_2、维生素 PP 比家畜肉多。鳝鱼每 100 克可食部含维生素 B_2 高达 6.95 毫克，鱼肝脏内维生素 A、维生素 D 都很丰富。

2. 其他水产动物的营养特点

甲壳动物和贝类软体动物等水产品营养价值高，含有丰富的呈味物质，其鲜味感

主要来自核苷酸、氨基酸、肽类物质、酰胺及三甲基胺等成分。贝类除了上述成分外，还含有琥珀酸钠，构成贝类特有的鲜味。虾、蟹及贝类的甜味感与甘氨酸、丙氨酸及甜菜碱有关。

上述水产品蛋白质含量较高，其中对虾含量为20.6%，河虾含量为17.5%，蟹为14%左右，贝类为10%。其蛋白质氨基酸组成全面，且比例适合人体需要。

虾、蟹、贝类脂肪含量少，约在3%以下，且不饱和脂肪酸所占比例大。脂肪主要存在于肝脏中，胆固醇含量高于肉类，一般含量达77毫克/100克以上。其中蟹黄高达466毫克/100克，干虾、虾皮则可达800毫克/100克以上。

主要含钙、磷、铁、钾等无机盐，其中钙含量高，如河虾为221毫克/100克，毛蟹为679毫克/100克，虾皮为2 000毫克/100克。

另外，蟹、蛤蜊、虾中含有维生素A，尤以河蟹含量高。

第三节　其他类烹饪原料的营养特点

一、调味品

烹饪菜肴的调味，不管是烹制前的调味、烹制过程中的调味、还是烹熟后的调味，均需要不同的调味品。饮食中常见的调味品主要有天然调味品和再制调味品。调味品在烹调过程中用量不多，却应用广泛，能改善食品的感官性状，促进食欲，有的还可起到杀菌消毒的作用。

通常使用的调味品有食盐、酱油、醋、葱、姜、蒜、花椒、大料等。

1. 食盐

食盐是膳食中最主要的调味品，是百味之首。盐能提起各种原料的鲜味，具有解腻、除膻、去腥的功效。食盐不仅能调味，而且还能维持人体血液一定的渗透压和人体内环境的酸碱平衡。

正常成年人每日摄入3克食盐就能满足生理需要。考虑到饮食习俗、食物调味的实际需要，每日每人食盐摄入量以10克以下为宜。过量摄入食盐会增加血流量，使血压明显上升，这往往是形成原发性高血压病的主要原因。

2. 酱油

酱油是大豆或豆饼、面粉、麸皮等经发酵加盐酿制而成的液体调味品。酱油的酿造经过了淀粉糖化、蛋白质水解、酒精发酵等生化过程。其色、香、味都是在这些过程中逐步形成的。

酱油含有水、食盐、蛋白质、氨基酸、糖类及少量醋酸等，以咸味为主，兼有特殊的香气和鲜味。香气的主要成分是甲基硫，鲜味主要来源于酱油中富含的氨基酸。

3. 醋

醋是酸性液体调味料，包括酿造醋和人工合成醋两大类。

醋的主要化学成分是乙酸。烹调时加醋，乙酸与料酒中的乙醇以及原料中的油脂发生化学反应，生成酯类物质，使菜肴具有特殊的香气。醋也是烹调中调和复合味的重要原料，同时还具有抑菌杀菌的作用和去腥除异味的功用。

醋能分解食物中的钙、磷和铁等无机盐，保护维生素 C 在加热中少受破坏或不被破坏，还能溶解植物纤维，促进无机物吸收。

4. 葱、姜、蒜

葱是膳食中离不开的蔬菜和调味品。葱中胡萝卜素、维生素 C 的含量丰富，同时富含无机物钾。葱叶的营养成分含量比葱白高。葱含有特殊香气的挥发油，其主要成分为葱蒜辣素，具有较强的杀菌作用。

姜含有挥发油，其主要成分为姜醇、姜烯、姜酚等。姜中的黄色油状液体是结晶性姜酮及油状液姜烯酮的混合物，能解除腥膻异味，提味增香。用生姜调味，辛辣芳香，可使原料更加鲜美。

大蒜含有挥发性的蒜辣素，对多种病菌、病毒甚至肠道寄生虫，均有抑制作用。

二、饮料

1. 酒类

酒是人们日常生活中常见的一种饮料。适量饮酒有兴奋神经、增进食欲、舒筋活血、祛湿御寒等作用。

（1）白酒。白酒是以富含淀粉的谷物、薯类等为原料，经过糖化、发酵、蒸馏等制成的蒸馏酒。其主要成分是酒精和水，此外还含有少量的其他成分，如醛酸、高级醇及酯等。

1）酒精含量是衡量酒的酒精度高低的标志。白酒的酒精度是以 20 ℃时酒精容量百分比表示的。如 100 毫升白酒中含酒精 60 毫升，其酒精度为 60%vol。白酒中酒精

含量增加，不仅烈性增高，而且有烧灼感觉，对人体健康不利。酒精与水的缔合作用，以酒精度为53°时最好，水分子与酒精分子相互结合最紧密，这种白酒口味绵软柔和。

2）总酸是白酒中含的各种有机酸的总称，主要有发酵时产生的羧酸（乙酸、丁酸、己酸和少量的乳酸）。酸对酒的风味起良好作用，与醇能酯化成芳香的酯类。但含酸过多也会使白酒风味变劣。一般白酒适宜的总酸含量为每100毫升白酒0.06~0.15克。

3）总醛。微量的醛类能使白酒气味芬芳。但醛类具有较强的刺激性和辛辣味（刺激神经），并对人体有害。酒中的醛类主要是乙醛，还有乙缩醛、异戊醛、糖醛等。一般白酒总醛含量每100毫升不宜超过0.02克。

4）总酯。这是白酒中各种酯的总称，其中以乙酸乙酯最多。一般白酒中酯的含量为每100毫升0.2~1克。酯是白酒中香味的主要成分。

5）杂醇油也叫高级醇，是高于酒精碳原子的饱和一元醇的总称，它产生于酿酒原料中的蛋白质成分，如异亮氨酸经过发酵后能产生异戊醇，酪氨酸能产生丁醇等。杂醇油大多具有不良的苦涩味，白酒的后味发苦往往与杂醇油含量较多有关。杂醇油能使饮酒者头晕不舒服，是醉酒的重要因素之一。每100毫升白酒中杂醇油的含量不得超过0.15克。

6）甲醇。甲醇在人体内氧化生成甲醛，甲醛有毒，尤其是对视神经影响较大。白酒中的甲醇主要来自原料中的原果胶。用薯类酿酒，由于其中原果胶含量较多，所以薯类白酒中的甲醇含量往往较多。食品卫生标准规定，每100毫升粮食白酒中甲醇含量不超过0.03克。

（2）啤酒。啤酒是以大麦为原料，加入具有特殊香气的啤酒花，经过糖化、发酵酿制而成的。啤酒的营养成分丰富，含有人体必需的8种氨基酸；发热量高，1升麦芽汁浓度12%的啤酒产热量可达1 785千焦；啤酒中（以黄啤酒为例）含5%的糖类、0.5%的蛋白质、0.3%的二氧化碳，还含有B族维生素等多种维生素及钙、磷、铁等无机物，大多可供人体直接吸收。饮啤酒有健胃、消食、清热、利湿、强心、镇静、杀菌等功能。啤酒花又称香蛇麻草，是一种作用显著的利尿药材；鲜啤酒中的鲜酵母可以促进胃液分泌，增进食欲。因此，适量地饮用啤酒，对人体健康有益。

啤酒不仅是优良的饮料，而且也是调味品。用啤酒调生粉，淋在肉丝、肉片上，啤酒中的酶可让肉质更鲜嫩。烹调鱼及肉时用啤酒代替料酒或水，能除腥增香，使鱼、肉别有风味。另外，摊制面饼时，若在面粉中掺些啤酒，会使制成的饼又脆又香。

啤酒虽是营养饮料，但有些人不宜饮用。慢性胃炎患者、哺乳期女性、泌尿系统结石病患者等不宜饮用。更要注意的是，不论身体健康与否，啤酒都不可一次饮用过多，过量会损害人体。一顿饮啤酒不要超过 1 升。

（3）葡萄酒。葡萄酒是葡萄或葡萄干经发酵、储存、冷热处理后制成的酒，分为红葡萄酒和白葡萄酒两种。前者是将红葡萄连同果皮放在一起发酵，红色素溶于酒中，因而酒液呈红色；后者是在葡萄压出汁液后，即将汁液单独发酵，故不呈红色。

葡萄酒营养丰富，含有能直接被人体吸收的葡萄糖、果糖等糖类和多种氨基酸、B 族维生素、维生素 C，还含有可防治疾病并与人体代谢密切相关的果胶质、黏液质、各种有机酸和矿物质。葡萄酒酒精含量一般在 12%~18%，适量饮用对人体健康有益，以每天饮用 100 毫升以下为宜。

2. 茶

茶是我国的传统饮料，也是世界三大饮料之一。茶叶中所含的化学成分有 300 多种，包括矿物质元素、多酚类物质、蛋白质、糖类、生物碱、维生素、芳香物质、有机酸等。

茶叶中的矿物质元素有磷、钾、铁、氟、锰、硒等 30 余种，其中氟、锰比一般植物含量高。这些矿物质 50%~60% 可溶于茶汤中。因此，人们饮茶后可获得多种矿物质元素。

茶叶中含多酚类物质，对人体具有多种药理功能，能抑制某些细菌在体内的生长繁殖，能保持组织和肌肤的弹性，有较显著的抗衰老功能；还能降低胆固醇和血脂，预防动脉硬化的发生。

茶叶中所含生物碱主要为咖啡碱、茶叶碱、可可碱等。这些生物碱可以刺激神经中枢，消除疲倦，提神醒脑，促进内脏神经下的血管收缩，有助于消化以及尿的排泄。

此外，茶叶中所含的蛋白质、糖类、维生素和有机酸等对人体均具有一定的营养作用。

第八章

膳食营养平衡及科学膳食制度

第一节 膳食营养平衡

一、膳食营养平衡的意义

在自然界，任何一种食物都不可能含有人体所需的所有营养物质。只有由多种食物相互搭配构成的膳食，营养素种类才齐全，数量才充足，且比例适宜，利于营养素的吸收和利用。若膳食供给与人体对食物营养素的需求之间建立了良好平衡关系，这种膳食称营养平衡膳食。如果膳食中营养素之间的比例失调，不能满足人体的生理需要，就会对人体健康造成不良影响，甚至导致某些营养性疾病或慢性疾病。因此，努力使膳食结构合理，达到营养平衡，对预防营养性疾病、强身健体具有重要意义。

二、膳食营养平衡的内容及要求

1. 膳食要求维持的营养平衡

（1）产热营养素平衡和能量平衡。人体所需的能量来源于储存于蛋白质、脂肪和糖类氢键上的化学能。能量的摄入情况代表了膳食中三种产热营养素的总摄入状况。由于蛋白质、脂肪、糖类在营养平衡中占有举足轻重的地位，因此，热能的摄取情况成为反映人体营养状况的重要指标，甚至成为反映一个国家或地区居民生活质量的重要指标。能量平衡与营养平衡是决定人体健康的两大要素，两者相互制约，相互影响。能量失衡即人体消耗的能量大大低于摄入的能量，或人体消耗的能量大大超过了摄入的能量，其直接原因就是产热营养素失衡。人体的能量“收支”应是平衡或接近平衡的。

研究表明，三大产热营养素摄入量的比例，即糖类、蛋白质、脂肪的比例为6~7∶1∶0.7~0.8较为适宜。根据这一比例，三者在人体内经过氧化，分别为机体提供热能的占比是碳化物60%~70%，蛋白质10%~15%，脂类20%~25%。膳食只有按此比值安排，才能维持体内生理需要，否则对健康会产生不利影响。糖类过多会影响蛋白质、脂类的供给，造成营养不良；脂类过多会导致高脂血症；蛋白质不足则会影响生长发育，严重缺乏时，甚至会危及生命。它们三者各自具有特殊的生理功能，故三者摄入量的比例合理时，它们就能完成各自的“任务”，否则会给健康带来不利影响。

（2）必需氨基酸含量比例与人体需要的平衡。食物蛋白质营养价值的高低，很大程度上取决于食物中所含8种必需氨基酸的数量和比例。只有数量、比例同人体的需要接近时，才能合成人体的组织蛋白质；反之，则会影响食物中蛋白质的利用。

能达到氨基酸全部平衡的蛋白质，称之为完全蛋白质。鸡蛋、人奶的氨基酸比例与人体极为接近，可称为氨基酸平衡的食品。大多数动物性蛋白质属完全蛋白质，8种必需氨基酸种类齐全，比例适合人体需要。而植物性蛋白质中8种必需氨基酸齐全，但比例不适合人体的需要，赖氨酸含量低，影响蛋白质的利用率，故生物价低。为保持必需氨基酸的比例均衡，应充分利用蛋白质的互补作用，补充缺乏和含量不足的氨基酸，提高蛋白质的价值。比如，谷类虽然能为人体提供一部分蛋白质，但是其蛋白质的组成中普遍缺少人体必需的赖氨酸和蛋氨酸，这使谷类蛋白质的生物价大大降低。为弥补谷类蛋白质氨基酸的不足，应选择含赖氨酸较高的食物搭配食用。一般来说，动物性食品，如肉类、蛋类、乳类等与米面搭配食用比较理想，可以使氨基酸平衡。

（3）不饱和脂肪酸与饱和脂肪酸之间的平衡。人体必需脂肪酸均为不饱和脂肪酸，其在植物油中的含量较高，因此在膳食中不仅要维持脂肪占全日总热量的比例，而且要注意必需脂肪酸所占的比重。一般认为必需脂肪酸应占全日总热量的2%以上，婴幼儿的需要量需增大到3%以上。

由于必需脂肪酸主要存在于植物油中，所以对于成年人来说，每日植物油的摄入量与动物脂的摄入量以2∶1为宜。

（4）酸性食物与碱性食物之间的平衡。人体内环境基本是中性的，略偏碱性（pH 值 7.3~7.4）。

富含蛋白质的食物，如肉、鱼、蛋、禽类和大多数粮食等，因含有较多的磷、硫、氯等元素，经体内氧化后，可生成阴离子酸根 PO_4^{3-}、SO_4^{2-}、Cl^- 等，所以这些食物在生理上被称为酸性食物或成酸食物；而另外一些食物，如蔬菜、水果、茶叶等，它们含有较多的钾、钠、镁、钙等金属元素，在体内氧化为碱性氧化物 K_2O、Na_2O、CaO、MgO 等，这些食物在生理上被称为碱性食物或成碱食物。

适量的酸性食物或碱性食物进入人体后，经过新陈代谢作用，酸根在肾脏中与氨结合成铵盐，被排出体外；碱性氧化物与二氧化碳结合生成各种碳酸盐，从尿中排出。从而维持人体血液正常的酸碱性，在生理上达到酸碱平衡。如果长期食用酸性食物与碱性食物搭配不当的膳食，体内所形成的酸度或碱度过大，超过了人体缓冲体系的缓冲能力，就会造成酸中毒或碱中毒。由于人们的主食基本上属于酸性食物，所以发生酸中毒的现象较为常见。它不仅会使血液偏酸性，而且会增加体内碱性元素的消耗，如引起钙消耗过多，造成缺钙。儿童发生酸中毒易患皮肤病、胃酸过多、疲劳倦怠、便秘或软骨等；中老年因酸中毒会引起血压增高、动脉硬化、脑出血等。所以在安排膳食时，必须注意酸性、碱性食物之间的搭配，特别要注意增加蔬果的供给量，控制酸性食物所占的比例，以保持生理上的酸碱平衡。

（5）热量摄入与维生素需要量之间的平衡。三大产热营养素在人体中的代谢与某些维生素有密切关系。维生素 B_1 在体内以辅酶的形式参与糖代谢的氧化脱羧反应，因此当膳食中热量摄入量比较高时，维生素 B_1 的需要量也要相应增加。维生素 B_2 作为黄素酶的辅基，在体内生物氧化过程中，发挥递氢的作用，维生素 PP 以辅酶Ⅰ和辅酶Ⅱ的形式参与生物氧化的递氢作用，因此维生素 B_2 和维生素 PP 的需要量也随着热能需要量的不同而变化。当膳食中脂肪的含量较高时，维生素 B_2 也要相应增加。由于高蛋白膳食有利于维生素 B_2 的利用，所以蛋白质摄入量较低时，则要增加维生素 B_2 的供给量。

（6）钙与磷之间的平衡。在人体吸收的众多无机盐元素中，以钙和磷对人的体质影响最为明显。

人体中的钙和磷多数以磷酸钙的状态存在于骨骼和牙齿中，因此膳食中钙和磷的比例适当才有利于吸收利用。初生儿体内含钙少，需吸收大量的钙，故其膳食中钙与磷之比应接近于 5∶1；随年龄增加体内的含钙量增加，钙与磷的比例可逐渐调整，到成年时钙与磷之间的比例则以 1∶1 为宜。

（7）动物性食物与植物性食物之间的平衡。人体要想获得全面营养素，就必须将动物性食物与植物性食物合理搭配食用。动物性食物富含蛋白质和各种维生素、无机盐，特别是动物肝脏含膳食中易缺乏的维生素 A、维生素 B_2 及丰富的无机盐，且利用率高。而植物性食物含较多的糖类、纤维素，蔬果里含维生素、无机盐、有机酸、色素、芳香物质等。动物性食物与植物性食物两者结合，可使人体获得优质蛋白质、必需氨基酸和必需脂肪酸等全面的营养物质。

2. 膳食营养平衡的食物构成

（1）谷薯类。这是我国人民膳食中的主食。不要长期食用过于精细的米、面，应适量吃些粗粮和杂粮，以增加 B 族维生素和膳食纤维。提倡粗细粮搭配、粮豆搭配、干稀搭配，以从多种粮谷中求得全面营养。

（2）豆类及豆制品。这类食品在膳食中占有主要位置。豆类蛋白质是植物性食物中仅有的一类完全蛋白质，而且豆制品的消化吸收率高。豆腐、豆浆、豆芽菜一年四季均可安排在每日膳食中。

（3）蔬果。这类食物主要提供维生素、无机盐和膳食纤维。

（4）动物性食物。这类食物主要提供优质蛋白质。

（5）奶及乳制品。奶及乳制品是人体获取钙的主要来源，营养素全面且比例适合人体的需要，有营养和保健作用，每日膳食不可缺少。

（6）菌藻类。菌藻类食物具有多种保健功能，如降压、防癌、防衰老等，所以在日常膳食中应经常食用。

（7）硬果类。硬果类食物主要指花生、核桃、瓜子、松仁、腰果、杏仁等。在烹调菜肴或制作面食时应有意增加硬果类食物，它们不但含有丰富的植物脂肪，而且营养素很全面。

（8）烹调油。烹调油的使用量以占每日膳食总量的 2% 为宜。

3. 膳食营养平衡设计

（1）根据就餐人的年龄、性别、劳动强度、生理状态，确定每日各种营养素的供给量标准。

（2）根据营养素供给量标准中的热量指标，按照平衡膳食指标中确定的产热营养素分配比例，计算出热量。

（3）根据产热营养素的生理燃烧值，计算出产热营养素的摄入量。

（4）根据蛋白质的摄入量，推算出谷薯类、豆类及豆制品、蔬果、动物性食物等的摄入量及各自所占的比例。

第二节　科学膳食制度

一、科学膳食制度的意义

膳食制度是指把全天的食物，按一定的次数、一定的时间间隔和一定的数量、质量分配到各餐的一种制度。科学的膳食制度应符合人体生理上，特别是消化器官的活动规律，并考虑到生活、劳动特点。膳食制度科学合理，可以使膳食中的营养素得到充分消化吸收，发挥更大的营养效能。

（1）科学膳食制度可使热量和各种营养素的摄入适应人体的消耗，提高劳动效率。

（2）制定科学膳食制度并使其形成稳定的规律，可让人体形成条件反射，刺激消化液分泌，使摄入的食物充分消化、吸收和利用。

（3）科学的膳食制度可以保证人体进食与消化的协调一致，保证消化系统的正常工作，有利于营养素的消化吸收。

二、科学膳食制度的原则

（1）使用餐者在吃饭前不产生强烈的饥饿感，而在用餐时又有正常的食欲。

（2）要把 1 天的食物恰当地分配到全天各餐中去，而且比例要适当，间隔要合理。

（3）能满足生理和各种活动的需要，适应生活、工作制度，使用餐者正常地工作、生活。

三、科学的膳食安排

1. 两餐间隔时间

按照我国居民的生活习惯，一般一日三餐比较合理。两餐之间的时间间隔太长会引起高度的饥饿感，使工作效率受影响。间隔如果太短，上餐食物在胃中尚未排空，消化器官得不到适当的休息，不易恢复功能，影响食物的消化吸收。一般混合食物在胃中停留时间约为 4~5 小时，所以两餐间隔以 4~5 小时为合适。

2. 数量分配

每餐食物数量的分配也要适应劳动需要和生理状况。最好是早餐吃好，午餐吃饱，晚餐吃少。比较合理的分配是早餐占全天总热量的30%，午餐占全天总热量的40%，晚餐占全天总热量的30%。

早晨刚起床，食欲较差，但是为了满足上午工作或学习的需要，最好能摄入足够的热量。午餐前后都是工作时间，所以热量消耗最多，要多吃些富含蛋白质和脂肪的食物。晚餐的热量要稍低，过量进食会影响睡眠或导致其他疾病。

3. 用餐时间

用餐时间应和工作、学习与生活的制度相配合。一般早餐在清晨7点左右，午餐在中午12点左右，晚餐在18点左右。季节不同可以做适当调整。

第三节　中国居民膳食指南

为给我国居民提供最根本、最准确的健康膳食信息，指导居民合理营养、增进健康，中国营养学会于2016年修订发布了《中国居民膳食指南》。

《中国居民膳食指南》主要由一般人群膳食指南、特定人群膳食指南和平衡膳食宝塔三部分组成。

一、一般人群膳食指南

一般人群膳食指南共有6条，适合2岁以上的正常人群。

1. 食物多样，谷类为主

每天的膳食应包括谷薯类、蔬菜水果类、畜禽肉蛋奶类、大豆坚果类等食物。每天应摄取12种以上食物，每周25种以上。每天摄入谷薯类食物250~400克，其中全谷物和杂豆类50~150克，薯类50~100克。食物多样、谷类为主是理想膳食模式的重要特征。

2. 吃动平衡，健康体重

各年龄段人群都应天天运动、保持健康体重。食不过量，控制总能量摄入，保持能量平衡。每周至少进行5天中等强度身体活动，累计150分钟以上，坚持日常

身体活动，身体活动总量至少相当于每天6 000步，减少久坐时间，每小时起来动一动。

3. 多吃蔬菜、奶类、大豆

蔬菜水果是平衡膳食的重要组成部分，奶类富含钙，大豆富含优质蛋白质。应保证餐餐有蔬菜，保证每天摄入300~500克蔬菜，其中深色蔬菜应占1/2；天天吃水果，保证每天摄入200~350克的新鲜水果，果汁不能代替鲜果。吃各种各样的乳制品，相当于每天液态奶300克。经常吃豆制品，适量吃坚果。

4. 适量吃鱼、禽、蛋、瘦肉

鱼、禽、蛋和瘦肉含有丰富的蛋白质、脂类、维生素A、B族维生素、铁、锌等营养素，是平衡膳食的重要组成部分，是人体营养需要的重要来源。但是此类食物的脂肪含量普遍较高，有些含有较多的饱和脂肪酸和胆固醇，摄入过多可增加肥胖、心血管疾病的发生风险，因此其摄入量不宜过多，应当适量摄入。

每周吃鱼280~525 g，畜禽肉280~525 g，蛋类280~350 g，平均每天摄入总量120~200 g，优选鱼和禽。吃鸡蛋不弃蛋黄，应少吃肥肉、烟熏和腌制肉制品。

5. 少油少盐，控糖限酒

应培养清淡饮食习惯，少吃高盐和油炸食品。成人每天食盐摄入不应超过6克，烹调油25~30克。控制糖的摄入量，每天摄入不超过50克，最好控制在25克以下，不喝或少喝含糖饮料。每日反式脂肪酸摄入量不超过2克。儿童、青少年、孕妇、乳母不应饮酒。成人如饮酒，男性一天饮用酒的酒精量不应超过25克，女性不应超过15克。

6. 杜绝浪费，兴新食尚

珍惜食物，按需备餐，提倡分餐不浪费。选择新鲜卫生的食物和适宜的烹调方式。食物要生熟分开、熟食二次加热要热透。学会阅读食品标签，合理选择食品。多回家吃饭，享受食物和亲情。传承优良文化，兴饮食文明新风。

二、中国居民平衡膳食宝塔

中国居民平衡膳食宝塔（见图8–1）共分五层，包含每天应摄入的主要食物种类。膳食宝塔各层的位置和面积不同，反映了各类食物在膳食中的地位和应占据的比重。谷薯类位居底层，每天应摄入250~400克，其中全谷物及杂豆50~150克，薯类50~100克。蔬菜和水果居第二层，每天应摄入300~500克蔬菜，200~350克水果。鱼、禽、肉、蛋等动物性食物位于第三层，每天应摄入40~75克的畜禽肉，40~75克水产，40~50 克蛋类。奶类和豆类及坚果位于第四层，每天应摄入相当于 300 克鲜奶的奶类及其制品，和相当于 25~35 克干豆的大豆及其制品以及坚果。

最顶层是烹调油和食盐，食盐摄入量每天应小于 6 克，烹调用油 25~30 克。此外，每人每天还应摄入 1 500~1 700 毫升的水。坚持日常身体活动，身体活动总量至少相当于每天 6 000 步。

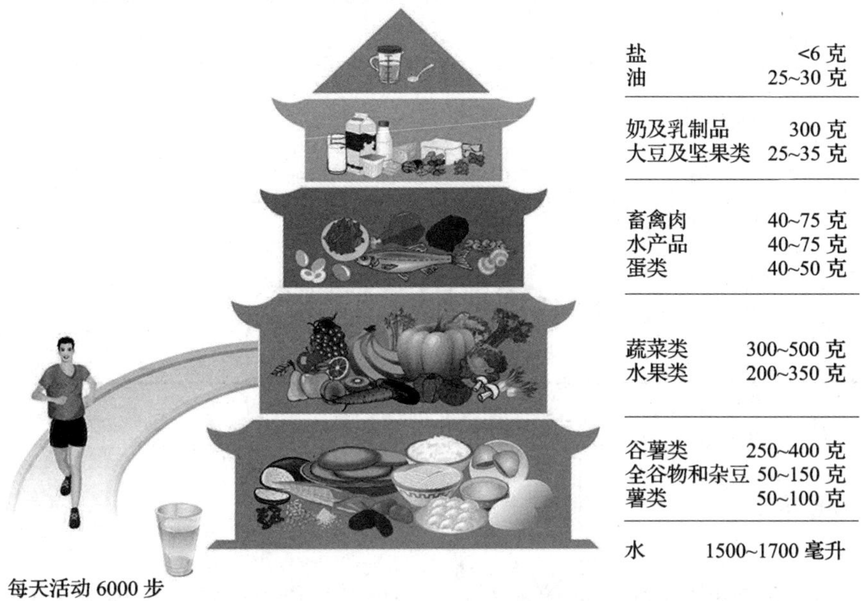

图 8-1　中国居民平衡膳食宝塔

第九章

饮食成本核算知识

第一节　成本的概念

一、成本

成本属价值范畴，是用价值表现生产中的耗费。广义的成本是指企业为生产各种产品而支出的各项耗费之和，它包括企业在生产过程中原材料、燃料、动力的消耗，劳动报酬的支出，固定资产的损耗等。

成本可以综合反映企业的管理质量，如企业劳动生产率的高低，原材料使用是否合理，产品质量好坏，企业生产经营管理水平如何等。很多因素都能通过成本直接或间接地反映出来。

降低成本是企业竞争的主要手段。在市场经济条件下，企业的竞争主要是价格与质量的竞争，而价格的竞争归根到底是成本的竞争。在毛利率稳定的条件下，只有低成本才能创造更多的利润。

成本可以为企业经营决策提供重要数据。在现代企业中，成本越来越成为企业管理者投资决策、技术决策、经营决策的重要依据。

二、饮食成本

饮食成本是指餐饮企业出售产品和服务的支出，即餐饮销售减去利润的所有支出。

由于餐饮企业具有兼生产、销售、服务于一体的行业特点，在厨房范围内很难逐一精确计算菜点的所有支出，因此，在厨房范围内菜点的成本只计算直接体现在菜点中的消耗，即构成菜点的原材料耗费之和，它包括食品原料的主料、配料和调料。而生产菜点过程中的其他耗费，如水、电、燃料的消耗以及劳动报酬、固定资产折旧等，都作为“费用”处理。这些“费用”由企业会计另设科目分别核算，在厨房范围内一般不进行具体计算。

成本是确定菜点价格的重要依据，价格是价值的货币表现。产品价格的确定应以价值作为基础，而成本则是用价值表现的生产耗费，所以，菜点中原材料耗费是确定产品价值的基础，是制定菜点价格的重要依据。

餐饮业成本具有变动成本比重大、成本泄露点多等特点。

三、成本核算

成本核算是餐饮市场激烈竞争的客观要求，是餐饮成本控制的必要手段。加强餐饮企业成本核算，最大限度地降低餐饮成本，尽可能为顾客提供超值服务，已成为餐饮企业经营管理的核心目标和任务。

企业管理者对产品生产中各项生产费用的支出和产品成本的形成进行核算，就是产品的成本核算。在厨房范围内主要是对耗用原材料成本的核算，包括记账、算账、分析、比较的核算过程，以计算各类产品的单位成本和总成本。

单位成本：是指每个菜点单位的成本，如元 / 份、元 / 千克、元 / 盘等。

总成本：是指单位成本的总和或某种、某类、某批或全部菜点成品在某核算期间的成本之和。

成本核算的过程既是对菜点实际加工制作耗费的反映，也是对主要费用实际支出的控制过程，它是整个成本管理工作的重要环节。

1. 成本核算的任务

（1）精确地计算各个菜点的单位成本，为合理确定菜点的销售价格打下基础。

（2）促使各加工制作、经营部门不断提高技术和经营水平，加强加工制作管理，严格按照所核实的成本耗用原料，保证产品质量。

（3）揭示单位成本提高或降低的原因，指出降低成本的途径，改善经营管理，提高企业经济效益。

2. 成本核算的意义

（1）正确执行物价政策。

（2）维护消费者的利益。

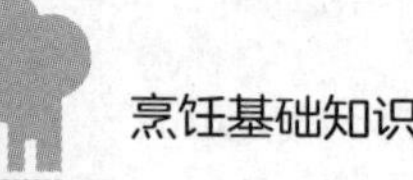

（3）为国家和社会创造价值。

（4）促进企业改善经营管理。

3. 保证成本核算工作顺利进行的基本条件

（1）建立和健全菜点的用料定额标准，保证加工制作遵循基本耗用标准。

（2）建立和健全菜点加工制作的原始记录，保证全面反映加工制作状态。

（3）建立和健全计量体系，保证实测值的准确。

4. 饮食成本核算方法

饮食成本核算的方法，一般是按厨房实际领用的原材料计算已售出产品耗用的原材料成本。核算期则根据企业要求，有的企业每月计算一次，有的企业除成本月报外，还要进行日成本核算和成本日报，以便及时掌握经营情况。

成本核算的具体计算方法为：如果厨房领用的原材料当月用完而无剩余，领用的原材料金额就是当月菜点的成本。如果有余料，在计算成本时应进行盘点，并从领用的原材料中减去余料，计算出当月实际耗用原材料的成本，即采用“以存计耗”倒求成本的方法。计算公式为：

本月实际耗料成本 = 上月结存额 + 本月领用额 – 月末盘存额

例 9–1 某厨房进行本月原料消耗的月末盘存，其结果剩余 580 元原料成本。已知此厨房本月共领用原料成本 2 600 元，上月末结存罐头等原料成本 460 元，试计算此厨房本月实际消耗原料成本。

解： 本月实际耗料成本 = 上月结存额 + 本月领用额 – 月末盘存额

=460+2 600–580

=2 480（元）

答：此厨房本月实际消耗原料成本 2 480 元。

第二节　出材率与损耗率

一、出材率

1. 出材率的概念

出材率是表示原材料利用程度的指标，是指原材料加工后可用部分的质量（净质量）与加工前原材料总质量（毛质量）的比率。

出材率的类似名称很多，餐饮行业经常使用的名称有净料率、熟品率、生料率、拆卸率、涨发率等。在实际工作中，可以按具体加工情况适当命名，如对于苹果的去皮加工就可以用净料率来表示，由热加工变成熟料的原料加工可以用熟品率来表示。出材率具有概括性，它不管加工程度如何，是对加工前后的质量变化而言的，因此，凡是表示原料加工前后质量变化的比率都可统称出材率。

2. 出材率计算公式

$$出材率=\frac{加工后可用原料质量}{加工前全部原料质量}\times 100\%$$

例 9–2　苹果 2 500 克，经加工得苹果皮、核共 450 克，求苹果的出材率。

解：　　加工后可用苹果质量 =2 500–450=2 050（克）

$$苹果出材率=\frac{2\ 050}{2\ 500}\times 100\%=82\%$$

答：苹果的出材率为 82%。

例 9–3　干木耳 200 克，经涨发得水发木耳 0.75 千克，求木耳的涨发率。

解：

$$木耳涨发率=\frac{0.75}{0.2}\times 100\%=375\%$$

答：木耳的涨发率为 375%。

3. 影响出材率的因素

原材料的规格、质量和原材料的处理技术是决定出材率高低的两大因素。在两大因素中，如果有一个因素有变化，则出材率就发生变化。例如同一品种、同一规格、同一质量的原料，由于处理者的技术水平不同，出材率可能不同。相反，如果处理者技术水平相同，但原料的规格、质量不同，出材率也会发生变化。

4. 出材率的应用

（1）根据加工前原料质量，运用出材率，可预测原料加工后的质量。计算公式为：

$$加工后原料质量=加工前原料质量\times 出材率$$

例 9–4　某种原料 2.5 千克，加工时出材率为 80%，问此原料加工后应得到多少千克的净料。

解：

$$\begin{aligned}加工后原料质量&=2.5\times 0.8\\&=2（千克）\end{aligned}$$

答：此原料加工后应得到 2 千克的净料。

（2）根据菜点用料的需要，运用出材率，可预测需要采购或准备的原料的质量。

计算公式为：

$$加工前原料质量=\frac{加工后原料质量}{出材率}$$

例 9–5 某厨房做某菜点，每份用主料 0.3 千克，已知此主料的出材率为 80%，问在正常情况下，制作 10 份此菜点需要准备多少千克的主料。

解： $$需要的主料质量=\frac{0.3}{0.8}\times10=3.75（千克）$$

答：需要准备 3.75 千克的主料。

（3）根据加工前原料进货价格及出材率，可计算加工后原料的单位成本。计算公式为：

$$加工后原料单位成本=\frac{加工前原料单位进价}{出材率}$$

例 9–6 已知某原料购进价为每千克 12 元，经加工其出材率为 60%，求加工后此料的单位成本。

解： $$加工后原料单位成本=\frac{12}{0.6}=20（元/千克）$$

答：加工后原料单位成本为每千克 20 元。

（4）检验加工处理水平，鉴定原材料质量。由于出材率与原料品质、加工方法和操作人员技术水平有着密切的关系，因此，通过原料出材率情况，在原料品质相同、加工方法一样时，可以考核操作人员的技术水平。当操作人员的加工处理水平稳定在标准水平时，可以判断原料的品质。

二、损耗率

损耗率与出材率相对应，是指原料在加工处理后损耗的原料质量与加工前原料质量的比率。计算公式为：

$$损耗率=\frac{加工后原料损耗质量}{加工前原料质量}\times100\%$$

加工后原料损耗质量是加工前原料全部质量与加工后原料净质量之差。用公式可表示为：

$$加工后原料损耗质量=加工前原料质量-加工后原料净质量$$

三、出材率与损耗率的关系

出材率与损耗率之和为百分之百，可用公式表示为：

出材率 + 损耗率 =100%

例 9–7　某厨房购进某原料 5 千克，经加工损耗率为 10%，试求此料的净料质量。

解：　出材率 =100%–10%=90%

净料质量 =5 × 90%=4.5（千克）

答：此料的净料质量为 4.5 千克。

第三节　原料成本计算

原料成本是构成菜点成本的重要依据。因此计算菜点成本，必须首先计算菜点原料成本。原料在使用过程中，如果不需要初步加工，直接配制菜点，这时原料成本就是其进价成本。如果需要初步加工，则必须在符合下述两个基本条件的情况下进行计算：第一，原料加工前后的质量必须发生变化，即加工前原料质量不等于加工后原料的质量；第二，加工前原料的进货价格，必须等于加工后原料或半制品成本。对于后者，要进行菜点的成本计算，必须首先对菜点进行净料的单位成本计算。

一、净料的概念

净料是指直接配制菜点的原料，它包括经加工配制成品的原料和购进的半制品原料。

二、净料单位成本的计算

净料单位成本的计算方法有两种。

1. 生料净料的单位成本计算

由于生料加工后对下脚料的处理情况不同，计算净料单位成本的方法有四种。

（1）加工前是一种生料，加工后还是一种生料或半制品，且下脚料无作价价款时，

净料单位成本为加工前原料总值除以加工后原料的质量，计算公式为：

$$净料单位成本=\frac{加工前原料总值}{净料质量}$$

例 9–8 某厨房购入胡萝卜 8 千克，进货价格为 1.6 元 / 千克。去皮后得到净胡萝卜 6.5 千克，求净胡萝卜的单位成本。

解： 净胡萝卜单位成本 =（1.6 × 8）/6.5≈1.97（元 / 千克）

答：净胡萝卜的单位成本为 1.97 元 / 千克。

（2）加工前是一种生料，加工后还是一种生料或半制品，但下脚料有作价价款时，净料单位成本的计算方法是，首先从加工前原料总值中扣除下脚料的作价部分，然后除以加工后原料质量，计算公式是：

$$净料单位成本=\frac{加工前原料总值-下脚料作价价款}{净料质量}$$

例 9–9 用鸡肉制馅，购整鸡 2.6 千克，每千克单价为 12.4 元，经加工得鸡肉 1.8 千克，下脚料翅、爪、内脏等另作他用，作价 4.8 元，求鸡肉净料的单位成本。

解： $$鸡肉净料单位成本=\frac{12.4\times 2.6-4.8}{1.8}\approx 15.24（元/千克）$$

答：鸡肉净料单位成本为每千克 15.24 元。

（3）加工前是一种生料，加工后是若干档生料或半制品。这种情况下，净料单位成本的计算有 3 种方法。

1）如果加工后所有生料的单位成本都是从来没有计算过的，则首先根据这些生料的质量逐一确定它的单位成本，然后使各档成本之和等于进货总值。

2）在所有净料中，如果有些净料的单位成本是已知的，有些是未知的，应首先把已知的那部分总成本算出来，并从原料的进货总值中扣除，然后对未知的净料，逐一确定其单位成本。

3）在净料中，如果只有一种净料的单位成本需要测算，其他净料成本都是已知的，则先把已知的净料总成本算出来，从原料的进货总值中扣除，然后再计算未知净料的单位成本。具体计算公式是：

$$待求净料单位成本=\frac{加工前原料总值-各档净料作价价款总和}{待求净料质量}$$

例 9–10 活鸡 1 只重 2.5 千克，每千克 7.6 元，经过宰杀、洗涤，得生光鸡 1.75 千克，准备取肉分档使用，其中鸡脯占 20%；鸡腿和其他部位占 40%，作价 12 元 / 千克；其他下脚料等占 40%，作价 8 元 / 千克，求鸡脯的单位成本。

解：

$$鸡脯单位成本=\frac{7.6\times2.5-（1.75\times40\%\times12+1.75\times40\%\times8）}{1.75\times20\%}$$

$$=\frac{19-（8.4+5.6）}{0.35}$$

$$\approx14.29（元/千克）$$

答：鸡脯的单位成本为每千克 14.29 元。

（4）用成本系数法计算净料成本。净料单位成本等于成本系数乘以原料购进价。用公式可表示为：

$$净料单位成本=成本系数\times原料购进价$$

成本系数是指原料加工后成本与加工前成本的比值，用公式可表示为：

$$成本系数=\frac{净料单位成本}{加工前原料单位成本}$$

用成本系数法计算加工后原料成本，只适用于出材率相同的食品原料。

例 9–11　某原料购进成本为 8.2 元 / 千克，经加工后其成本为 13.5 元 / 千克，试计算此原料的成本系数。

解：

$$成本系数=\frac{13.5}{8.2}\approx1.64$$

答：此原料的成本系数为 1.64。

例 9–12　已知某原料的成本系数为 1.8，现购进同质量的原料 5 千克，进价为 16 元 / 千克，求净料的单位成本。

解：

$$净料单位成本=16\times1.8$$

$$=28.8（元/千克）$$

答：净料单位成本为每千克 28.8 元。

2. 半制品（熟品）的单位成本计算

半制品是经过初步熟处理或调味拌制、腌制的各种生料的净料。根据在加工过程中是否耗用了调味品，可分为无味半制品和调味半制品（熟品）。

（1）无味半制品成本计算。无味半制品单位成本计算公式为：

$$无味半制品单位成本=\frac{生料总值}{无味半制品质量}$$

例 9–13　某生料 5 千克，已知此生料进价 13 元 / 千克，煮熟得熟料 3 千克，求此熟料的单位成本。

解：
$$熟料单位成本=\frac{13\times 5}{3}\approx 21.67（元/千克）$$

答：此熟料的单位成本为每千克 21.67 元。

（2）调味半制品（熟品）成本计算。调味半制品（熟品）成本是由生料成本和调味品成本两部分构成的。调味半制品（熟品）单位成本计算公式为：

$$调味半制品（熟品）单位成本=\frac{生料总值+调味品总值}{调味半制品（熟品）质量}$$

例 9–14 某生料 5 千克，已知此生料进价 15 元/千克，经加工得净生料 4.9 千克，用香料、调料（成本共计 4 元）腌制后，熟制得熟料 4.5 千克，求每 100 克此熟料的成本。

解：
$$熟料每 100 克成本=\frac{15\times 5+4}{4.5\times 10}\approx 1.76（元）$$

答：每 100 克此熟料的成本为 1.76 元。

三、净料成本的计算

净料成本是在净料单位成本基础上的成本之和。净料成本的计算公式为：

净料成本 = 净料单位成本 × 净料质量

第四节　菜点成本计算

一、单位菜点的成本计算

单位菜点的成本，是指构成单一菜肴、点心所耗用的主料成本、配料成本和调味品的成本之和。由于菜肴、点心成品的加工有成批制作和单件制作两种类型，因此产品的成本计算方法也相应有两种。

1. 批量制作的单位菜点的成本计算

成批制作的菜点，由于单位菜点的用料、规格、质量完全一致，因此求成本时，一般先求出每批菜点的总成本，然后再根据这批菜点的件数，求出单位菜点的平均成本。计算公式为：

$$单位菜点成本=\frac{本批菜点所耗用原料总成本}{菜点数量}$$

$$\begin{matrix}本批菜点所耗用\\原料总成本\end{matrix}=本批菜点所用的主料成本+配料成本+调味品成本$$

例 9–15　炸面包圈 20 个，用面粉 750 克，进价为 2.8 元 / 千克；生菜籽油 250 克，单位成本为 9.6 元 / 千克；调料成本共计 3.3 元，求面包圈的单位成本。

解：

$$面包圈单位成本=\frac{2.8\times0.75+9.6\times0.25+3.3}{20}$$

$$=\frac{7.8}{20}$$

$$=0.39（元/个）$$

答：面包圈单位成本为每个 0.39 元。

2. 单件制作的单位菜点的成本计算

单件制作的单位菜点成本计算的方法是，逐一求出单件菜点所耗用的各种原料成本，再逐一相加，即为单位菜点成本。计算公式为：

单位菜点成本 = 单位菜点所用的主料成本 + 配料成本 + 调味品成本

例 9–16　某厨师制作蛋糕坯 1 个，用鸡蛋 500 克，每千克成本 6.4 元；白糖 250 克，每千克成本 6 元；面粉 250 克，每千克成本 2.4 元；其他辅料成本 2 元，求此蛋糕坯成本。

解：

$$蛋糕坯成本=6.4\times0.5+6\times0.25+2.4\times0.25+2$$

$$=3.2+1.5+0.6+2$$

$$=7.3（元）$$

答：此蛋糕坯成本为 7.3 元。

二、菜点总成本的计算

菜点总成本是单位菜点成本的总和。计算公式有两个，为：

菜点总成本 = 单位菜点成本 × 菜点数量

菜点总成本 = 菜点的主料成本 + 配料成本 + 调料成本

例 9–17　某批菜肴制作需 3 种原料，其中 A 种原料成本 12 元，B 种原料 300 克

（已知此料进价每千克 16 元，熟品率为 60%），C 种原料 400 克（每千克成本 24 元），试求此批菜肴的成本。

解：（1）分别计算各原料成本

A 种原料成本 =12（元）

B 种原料成本 $=\dfrac{16\times0.3}{0.6}$=8（元）

C 种原料成本 =24×0.4=9.6（元）

（2）计算菜肴总成本

菜肴总成本 =12+8+9.6

=29.6（元）

答：此批菜肴总成本为 29.6 元。

第五节　菜点价格计算

一、价格构成的特殊性

菜点生产过程也是企业生产、销售、服务的过程。所以从理论上讲，菜点价格的构成应当包括菜点从加工制作到消费的全部费用和各个环节的利润、税金。即菜点价格的构成应是菜点原料成本、加工制作经营费用、利润和税金四部分内容之和。但是各种菜点在加工和销售过程中，除原料成本以外，其他经营费用，如员工工资和水、电、燃料的消耗等很难按各种菜点的实际消耗确切计算。所以，长期以来人们在核定菜点价格时，只将原料成本作为成本要素，而将加工制作中的经营费用、利润、税金合并在一起，统称为“毛利”，并以此作为计算餐饮产品价格的重要条件之一。因此，从计算角度讲，菜点价格的构成，通常用下面两种形式表示：

菜点价格 = 原料成本 + 加工制作经营费用 + 利润 + 税金

或　　菜点价格 = 原料成本 + 毛利

二、价格制定的方法

餐饮企业制定价格的方法有多种，如“随行就市”法、系数定价法、毛利率法、主要成本率法、本量利综合分析定价法等，在厨房范围内以前三者为多见。

“随行就市”法在实际中经常使用，是制定价格最简单的方法，即参考竞争同行的菜点价格定价。系数定价法是以成本为出发点的定价方法。毛利率法是以菜点的毛利率为基数的定价方法。

三、定价程序

1. 判断市场需求

在市场调查的基础上，掌握消费者对菜点价格的接受程度，判定菜点的市场需求。

2. 确定定价目标

在保持菜点价格和市场需求最佳适应性的基础上，确定定价目标，使菜点的价格既能使客人接受、企业又能获得利润。

3. 预测菜点成本

确定定价目标后，分析菜点成本、费用水平，为制定菜点价格提供依据。

4. 分析同行竞争对手价格

价格是企业开展市场竞争的重要手段，应在分析同行同一档次、同种规格和同类菜点价格的基础上，选择自己的定价策略。

5. 制定毛利率标准

菜点价格是根据菜点成本和毛利率制定的。毛利率的高低直接决定价格水平。因此，在确定菜点价格前必须要确定合理的分类毛利率和综合毛利率标准。

分类毛利率是某一类餐饮菜点的毛利额与菜点销售价格或原料成本的比率。综合毛利率是某一等级、某种类型的企业餐饮菜点的平均毛利率。

6. 选择定价方法

菜点定价目标不同，定价方法也不一样。常见的有以成本为中心、以利润为中心和以竞争为中心的方法，企业应结合自己菜点的定价目标，选择具体的定价方法。

四、毛利率

1. 毛利率的概念

毛利率是毛利额与某些指标之间的比率。厨房常用的指标是菜点销售价格和菜点原料成本。以这两个指标定义的毛利率称为销售毛利率和成本毛利率。

（1）销售毛利率又称内扣毛利率，是菜点毛利额与菜点价格之间的比率。计算公式为：

$$销售毛利率=\frac{菜点毛利额}{菜点销售价格}\times 100\%$$

例 9–18 某菜点 1 份，成本为 28 元，销售价格为 50 元，求菜点的销售毛利率。

解： 菜点毛利额 =50–28=22（元）

$$销售毛利率=\frac{22}{50}\times 100\%=44\%$$

答：此菜点的销售毛利率为 44%。

根据价格构成公式，销售毛利率与成本率有下述关系：

$$销售毛利率+成本率=1$$

（2）成本毛利率又称外加毛利率，是菜点毛利额与菜点成本之间的比率。计算公式为：

$$成本毛利率=\frac{菜点毛利额}{菜点成本}\times 100\%$$

例 9–19 一份柠檬排的成本为 10.4 元，其销售价格为 22.8 元，求柠檬排的成本毛利率。

解： 柠檬排毛利额 =22.8–10.4=12.4（元）

$$成本毛利率=\frac{12.4}{10.4}\times 100\%\approx 119.23\%$$

答：柠檬排的成本毛利率为 119.23%。

2. 毛利率的换算

在菜点的销售价格和耗料成本一致的情况下，销售毛利率与成本毛利率之间的换算公式为：

$$成本毛利率=\frac{销售毛利率}{1-销售毛利率}\times 100\%$$

$$销售毛利率 = \frac{成本毛利率}{1+成本毛利率} \times 100\%$$

例 9–20　某菜点成本毛利率为 72%，在菜点成本不变的条件下，试换算为销售毛利率。

解：

$$销售毛利率 = \frac{72\%}{1+72\%} \times 100\% \approx 41.86\%$$

答：该菜点的销售毛利率为 41.86%。

例 9–21　某菜点的销售毛利率为 60%，在菜点成本不变的条件下，试计算其成本毛利率。

解：

$$成本毛利率 = \frac{60\%}{1-60\%} \times 100\% = 150\%$$

答：该菜点的成本毛利率是 150%。

3. 毛利率确定的一般原则

（1）凡与普通客人关系密切的一般菜点，毛利率从低；宴会、名点名菜、风味独特的餐饮产品，毛利率从高。

（2）技术力量强、设备条件好、费用开支大、服务质量高、菜点用料名贵且质量好、货源紧张、菜点加工复杂、精细的，毛利率从高，反之从低。

（3）团体或会议客人的餐饮产品，批量大，单位成本相对较低，毛利率从低。零散客人的餐饮产品，批量小，服务细致，单位成本高，毛利率应略高一些。

五、菜点价格计算

1. 成本毛利率法

又称外加法、加成率法，它是以耗用原料成本作为基数定义的毛利率来计算的。其计算公式为：

$$菜点销售价格 = 菜点原料成本 \times（1+ 成本毛利率）$$

例 9–22　某厨房做菜点 200 份，共用 A 料 2.5 千克（每千克成本 30 元），B 料 1.5 千克（每千克成本 80 元），C 料 0.75 千克（每千克成本 60 元），若成本毛利率为 150%，求菜点的单位售价。

解：

$$\begin{aligned}菜点总成本 &= 30 \times 2.5 + 80 \times 1.5 + 60 \times 0.75 \\ &= 75 + 120 + 45 \\ &= 240（元）\end{aligned}$$

$$菜点单位成本=\frac{240}{200}=1.2（元/份）$$

$$菜点单位售价=1.2\times（1+150\%）=3（元）$$

答：菜点的单位售价为 3 元。

2. 销售毛利率法

又称为内扣法、毛利率法，它是以销售价格为基数定义的毛利率来计算的。其计算公式为：

$$菜点销售价格=\frac{菜点原料成本}{1-销售毛利率}$$

例 9–23 某面点间制作豆沙包，用 500 克面粉做 20 个豆沙包皮子，用 300 克豆沙馅做 15 个馅心。已知面粉进价为每千克 3 元，豆沙馅进价为每千克 6.8 元，若按销售毛利率 45% 计算，求豆沙包的单位售价。

解：

$$豆沙包单位成本=\frac{3\times 0.5}{20}+\frac{6.8\times 0.3}{15}$$

$$=0.075+0.136$$

$$\approx 0.21（元/个）$$

$$豆沙包单位售价=\frac{0.21}{1-45\%}$$

$$\approx 0.38（元/个）$$

答：豆沙包的单位售价为 0.38 元。

例 9–24 某厨房制作某菜一份，用 A 净料 200 克（已知此料的原料进价 12.6 元 / 千克，净料率 90%）；B 料 25 克，12 元 / 千克；C 料 30 克，4 元 / 千克；D 料 75 克，10 元 / 千克；其他用料 0.8 元。若按销售毛利率 60% 计算，求该菜售价。

解：

$$该菜成本=\frac{12.6\times 0.2}{90\%}+12\times 0.025+4\times 0.03+10\times 0.075+0.8$$

$$=2.8+0.3+0.12+0.75+0.8$$

$$=4.77（元）$$

$$该菜售价=\frac{4.77}{1-60\%}$$

$$\approx 11.93（元）$$

答：该菜售价为 11.93 元。

3. 系数定价法

该法是以菜点原料成本乘以定价系数计算价格的方法。其中定价系数是计划菜点成本率的倒数（成本率是菜点原料成本与销售价格的比率，即成本率 = 菜点原料成本 / 销售价格 ×100%）。如某菜点计划成本率为 50%，那么定价系数为 1/50%，即 2。用公式可表示为：

$$菜点销售价格 = 菜点成本 \times 定价系数$$

例 9–25　已知一块奶油蛋糕成本为 3 元，计划成本率为 50%，求此蛋糕的售价。

解：

$$蛋糕售价 = 3 \times \frac{1}{50\%} = 3 \times 2 = 6（元）$$

答：此蛋糕的售价是 6 元。

第十章

安全生产知识

第一节　厨房安全生产概述

一、厨房安全生产的意义

厨房是加工食品的综合性生产场所。厨房的生产目标是在一定条件下，最大限度地满足烹饪工艺的要求和企业经营目标，以生产出高质量的食品。食品品种繁多，工艺多样，涉及各种类型的设备和工具，生产过程中存在多种危险和危害因素。因此，为了保障从业者在生产过程中的安全与健康，预防伤亡事故和职业病，同时保证设备和工具的完好，确保生产正常进行，必须贯彻落实职业安全卫生技术要求，创造安全、卫生、舒适的加工环境，以充分发挥从业者的工作热情，保证食品质量，提高劳动生产率，获得最佳的社会效益、经济效益和环境效益。

二、厨房安全生产的基本内容

现代化的厨房一定要具备科学合理配置的加工间，高效、节能的生产加工设备，清洁的环境，完善的防护设施。为了保证厨房安全生产，必须着重考虑安全技术和卫生技术两方面的基本要求。

安全技术是为了预防伤亡事故而采取的控制或消除各种危险因素的技术措施。安全技术一般分为直接安全技术、间接安全技术和指示性安全技术三类。直接安全技术主要是从生产加工设备的设计制造、加工工艺和操作方法等方面采取安全技术措施，例如电气设备的绝缘、安全电压等。间接安全技术是在直接安全技术不能完全实现本质安全时所采取的安全防护措施，例如压力容器的过压保护装置、电气设备的漏电保护装置等。指示性安全技术是在有危险设备的现场提醒操作人员注意安全，例如警示标志等。厨房安全技术主要包括：烹调设备布局安全技术，冷、热加工设备安全技术，电气安全技术，压力容器安全技术，防火防爆安全技术等。

卫生技术是为了预防职业病而采取的控制或消除职业危害的各种技术措施，目的是改善劳动条件、预防职业病的发生。厨房卫生技术主要有厨房烟雾防治技术、防暑降温和照明技术等。

三、厨房安全生产的一般要求

厨房安全生产的主要内容包括以下五项。

（1）厨房安全生产的规章制度有安全生产责任制，安全生产和卫生的教育、检查、奖惩制度，安全操作技术规程，设备管理责任制等。

（2）坚持厨房安全生产和卫生的岗位教育，提高操作者的综合素质，使每一个操作者对所操作的设备和工具都有正确操作的能力和发现问题的能力，杜绝违章操作。

（3）坚持厨房安全生产和卫生的监督检查和监测，尽早发现隐患，并消除于萌芽状态。

（4）对于老设备要针对问题进行改造治理，提高其本质安全性或增设安全防护设施。新设备要运用现代科学技术，使其具备全面的本质安全性。

（5）推行安全系统工程，开展安全性评价，提高对伤亡事故和职业病的预测与预防能力。

四、厨房安全生产技术的发展趋势

现代厨房安全生产技术以及卫生技术是涉及多学科的综合技术，包括科学技术、电气设备的本质安全性、科学管理等方面。

在科学技术方面，大量使用计算机进行智能化自动控制，运用人机工程学进行设计，使人、机和环境匹配，以达到劳动环境安全、卫生、舒适的目的。

管理技术正从传统管理向现代科学管理转化，这使安全生产技术和卫生技术进一步科学化、法制化和标准化。运用劳动生理学和心理学等原理，调节生产操作人员的

心理状态，防止不安全的行为发生。运用安全系统工程进行系统分析，预测预防事故与职业病的发生。运用计算机信息管理系统对生产加工中的各种危险和危害因素进行统计分析，发现问题，探索规律，为深层次定性、定量分析奠定基础。

第二节　安全用电知识

一、安全用电基本常识

1. 触电事故

触电事故主要有电击和电伤两类。电击事故是由于人体直接接触带电体或因绝缘损坏而产生漏电的设备，导致电流通过人体造成伤害。电击后轻则肌肉抽筋、感觉发麻，重则导致死亡。电伤事故是由于电流通过人体外表面或者人体与带电体之间产生电弧而造成的身体外表的创伤。由于电弧温度非常高，会使皮肤表面灼伤或烧伤，严重者也会导致死亡。

2. 电流通过人体的生理效应

触电事故主要是电流通过人体引起的。触电损伤的基本因素包括通过人体的电流大小、频率、作用时间、途径和触电者健康状况等。通过人体的电流大小取决于人体的电阻和施加于人体的电压大小。在干燥条件下，人体电阻可达 10 kΩ 以上；在潮湿的条件下，仅为数百欧。一般情况下，20~300 Hz 的交流电对人体的危害最大，高频电流对细胞机能破坏较弱，触电的危险性反而减小。电流通过人体神经中枢时的危险性较大，通过心脏时的危险性最大。总之，电压越高、电流越大、触电时间越长就越危险。

3. 安全电压

安全电压是指施加于人体上一定时间不会造成伤害的电压。通常，36 V 以下的电压不会造成人身伤亡。一般来说，安全电压直流为 48 V、24 V、12 V 和 6 V；交流电压为 36 V 和 12 V。安全电压是制定安全措施的基本依据，在潮湿、高温和有导电尘埃的环境中，要使用 12 V 电压。

4. 触电方式

（1）接触触电。接触触电分为单相触电和两相触电。单相触电是人体直接接触带

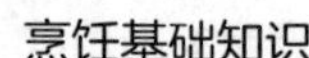

电设备的一相电线，电流经过人体流入大地的触电现象，相电压几乎全部加在人体上，是很危险的；中性点不接地的系统，若绝缘不良时也是很危险的。两相触电是人体同时直接接触带电设备的两相电线，电流经过人体流入大地的触电现象；在高压系统中，人体同时接近两相导体，会发生电弧放电的触电现象。两相触电作用于人体的是线电压，这种触电方式的危险性最大。

（2）接触电压触电。当电气设备发生短路时，人体与带电设备外壳相接触，手与脚之间承受电压，此种触电方式称为接触电压触电。接触电压的大小与人体站立的位置有关，人体距离接地故障点越远，电压值越大。在家庭中和工业中发生的触电事故主要是接触电压触电事故。

（3）跨步电压触电。当架空线路的一根带电导线断落在地上，接地电流就会从落地点流入大地，并向四周分散，在落地点周围的地面上形成分布电位，如果人在周围或由此经过，其两脚之间就存在电位差，称为跨步电压，由跨步电压引起的触电叫作跨步电压触电。发觉跨步电压威胁时，应迅速将双脚并在一起或用一条腿跳出危险区。

二、安全用电规定

厨房安全用电的一般规定如下。

（1）由于厨房的湿度大且油烟、蒸气较浓，电气设备的工作环境较为恶劣，必须按照制度经常对电气设备进行漏电、绝缘和零部件的检查，及时消除隐患。

（2）操作人员要随时注意电气设备的运转情况，注意温度、气味、声响和表面状态，发现异常情况要立刻停电，请专业人员检修。

（3）必须按照规范要求调整自动保护装置的整定值，不允许随意调整；必须按照规范要求选择熔断器，不允许用铜线等非熔丝代替专用熔丝。

（4）停电检修时，刀开关上必须悬挂专用的警告牌，必要时要有专人看管，以免他人误操作造成事故。

（5）各种电气设备必须按规范进行保护接地或保护接零处理。电气设备的外露可导电部分，必须通过保护导体与接地极相连接，严禁将可燃气体的管道当作保护导体。

（6）在电气设备故障情况下，必须有自动切断供电、电气隔离等电击防护措施。

（7）在有易燃易爆气体的房间，必须安装防爆电器；在潮湿的地方，必须按规范选择安全电压，并妥善进行防潮处理。

三、安全防护措施的使用

1. 触电保护的基本措施

（1）保护接地。保护接地就是将电气设备的金属外壳用接地装置与大地可靠地连接，以保护人身安全。它适用于1 000 V以下中性点不接地的电网和1 000 V以上任何形式的电网。当电路中某一相与机壳相碰后，会使机壳带电，人与机壳接触时，由于有保护接地装置，相当于人与接地电阻并联，而接地电阻远小于人体电阻，电流绝大部分由接地线旁路流入地下，保证了人身安全。在1 000 V以下的中性点直接接地系统中，电气设备不管接地还是不接地，均很危险，故这种场合不采取接地作为保护措施。

（2）保护接零。保护接零是在1 000 V以下中性点接地的三相四线制系统中，将电气设备的外壳与系统的零线相接。保护接零后，电气设备的一相因绝缘损坏而碰壳时，电流通过零线构成回路，由于零线阻抗很小，导致短路电流很大，使短路保护装置动作，迅速切断电源，消除触电危险。采用保护接零的系统，接零导线必须牢固，不能断线。

在采用保护接零的情况下，除了变压器的中性点直接接地外，还要使零线上的若干处再行接地，即重复接地。其作用是降低漏电设备外壳的对地电压和减少零线断路时的触电危险。

另外，要特别注意同一系统中接地和接零不能混用。即同一电源上电气设备不能一部分接零，另一部分接地，原因是当接地的电气设备绝缘损坏而碰壳时，会出现因大地电阻较大使保护装置不能动作的现象，导致电源中性点电位升高，使所有接零设备均带电，反而增加了触电的危险。

（3）使用漏电保安器。漏电保安器是一种防止漏电的自动保护装置。当设备漏电时，漏电保安器会自动切断电源，达到保护的目的。漏电保安器分为电压型和电流型两类。安装使用时必须注意其保护动作值和正确的接线方法。

2. 电气设备的保护

（1）电气设备的防火与防爆。电气设备失火多是由于电气线路和设备的故障以及设备使用不正确而引起的。为了保证电气设备安全，必须做到：定期检查电气设备的绝缘，禁止带故障运行；防止电气设备过载运行，并采用有效的过载保护措施；设备周围不能放置易燃物品，保证良好的通风。

在有爆炸危险的场所，必须使用良好的防爆电气设备。

（2）静电防护。防止静电火灾的基本措施是消除静电和限制放电。为了防止产生放电火花，要把金属管道和容器可靠接地。若使用绝缘管道，应在管道内部或外部缠绕金属导线，使管道两端的设备等电位。

（3）防雷保护。雷电的形成是由于雷云中的电荷积累，当电场强度足够大时，空气绝缘被破坏，在正、负雷云间或雷云与地面间发生强烈的放电现象。雷电产生的电压非常高，对电力系统危害极大，危及设备和人身安全。避雷针是防止雷电的有效措施，作用原理是将雷电引到自己身上，进而导入大地，保护建筑、设备和人身的安全。避雷针的安装要高于被保护物并与大地可靠相连。

四、触电的现场救护

触电者能否得救，在事故现场主要取决于其能否尽快脱离电源和是否能接受正确的急救处理，如实施人工呼吸等。因此各类人员均应掌握基本的触电救护方法。当有人触电时，首先应采取正确的方法迅速切断电源，不能立刻断开电源时，则应用绝缘体使带电体与人体脱离。绝对禁止用金属或潮湿的物体作为分离带电体的工具。触电者脱离电源后，应立即进行呼吸和心跳的检查。若触电者已失去知觉，但呼吸尚存，应将触电者放到通风的地方，静卧休息。若触电者昏迷且脉搏、呼吸、心跳全无，则必须马上实施心肺复苏。若触电者发生电灼伤（包括电弧烧伤和接触烧伤），则应参照火焰烧伤的处理方法，创伤表面要尽快用干净纱布敷盖，减少污染，不要乱涂药物。在事故现场进行必需的处理后，应立刻送触电者到医院进行救治。

第三节　防火防爆知识

一、燃料、燃烧与爆炸的基本知识

1. 燃料

燃料一般分为固体燃料、液体燃料和气体燃料。气体燃料发热量高、点火方便、易于控制、燃烧后无灰渣、对环境污染小，因此现代厨房广泛使用气体燃料；少数地方使用液体燃料，多数为轻柴油、煤油；而以煤为代表的固体燃料燃烧可控性差，污染严重，已很少使用。本节仅介绍气体燃料。

气体燃料又称为燃气，可分为天然气、人造煤气和液化石油气等。

（1）天然气。天然气产生于石油、煤矿或沼泽地带，是埋藏在地下的古代生物经高温、高压等作用形成的可燃性气体。天然气中甲烷含量最多，还含有硫化氢、二氧化碳等物质。天然气的特点是热值较高，输气压力高，毒性小。

（2）人造煤气。人造煤气是固体燃料或液体燃料经过加工取得的可燃性气体。典型的是干馏煤气（炼焦煤气），是将煤在隔绝空气的条件下加热而产生的可燃性气体。干馏煤气的主要成分是甲烷、一氧化碳和氢等。其特点是压力较低，毒性较大。

（3）液化石油气。液化石油气是用天然气液化或从石油化工厂生产的石油气中分离出来的可燃性气体。它的主要成分是丙烷、丙烯和丁烯等，热值高。液化石油气在常温常压下是气体，当压力在 0.8 MPa 以上时变成液体。其特点是压力较高，毒性较小，便于储运。

2. 燃烧与爆炸

（1）燃烧。燃烧是可燃物质与氧或氧化剂化合所产生的发光放热的化学反应。燃烧产生的条件是可燃物质、助燃剂和火源三者同时存在。

燃气是由多种碳氢化合物组成的，燃烧时各成分与氧激烈化合，产生大量的热和光。一般燃气燃烧时的烟气温度高于 100 ℃，烟气中氧和氢化合而成的水蒸气以气态的形式进入到大气中。另外，由于燃气的成分不同，燃烧时需要的空气量也不一样。在燃烧完全时，燃气与空气的混合比例恰当，燃烧充分，火焰稳定并呈蓝色，这种火焰温度最高，且无有毒的一氧化碳气体。空气量过大则产生火焰不稳定的现象；空气量过小则产生黄色火焰并冒黑烟，火焰温度低，伴有大量一氧化碳。因此，在使用燃气时，必须正确调整燃气与空气的混合比，以达到最佳燃烧状态。

在燃烧过程中，当燃气喷离火孔的速度大于燃烧速度时，火焰就难以维持稳定，甚至熄灭，这种现象称为“脱火”。当燃气喷离火孔的速度小于燃烧速度时，火焰就会缩入燃烧器内部，形成不完全燃烧，这种现象称为“回火”。两者都属于不正常燃烧过程。

燃烧中的两个重要概念是闪点和自燃点。各种液体的表面均有一定量的蒸气，在一定条件下，液面蒸气和空气混合成可燃的混合物，遇火源即着火而瞬间燃烧，这种现象称为闪燃。引起闪燃的最低温度叫闪点。自燃是指在没有明火作用的条件下发生的燃烧。能自行引燃并且持续燃烧的最低温度叫作自燃点。

（2）爆炸。爆炸是指物质从一种状态迅速地转变成另一种状态，并在瞬间释放出巨大的能量，伴随巨大声响的现象。爆炸有化学性爆炸和物理性爆炸。

爆炸极限是爆炸的重要概念，可燃气体、蒸气、粉尘与空气混合，达到一定的含量范围，遇到明火就会爆炸，这个含量范围叫作爆炸极限。温度、压力、介质和着火源等是影响气体混合物爆炸极限的主要因素。

二、安全防火的规定和厨房消防设备

1. 厨房安全防火的一般规定

厨房是最容易发生火灾的作业场所，因此要特别重视防火工作。需采取的一般措施如下。

（1）任何厨房工作人员必须经过安全防火知识的培训，知道本厨房消防设备、设施的位置和使用的方法。

（2）必须经过培训才能操作厨房设备，特别是高温加热设备、电器设备。

（3）凡是高温加热设备，尤其是明火加热设备，在使用中必须有人看守。

（4）使用燃气、燃油的设备，必须按照规范要求定期检查，日常使用中也要注意检查泄漏。检查泄漏应使用肥皂水，禁止用明火试验。一旦发现燃气泄漏，应马上开窗通风，不得开动非防爆设备，以免因电火花等引起爆炸。

（5）对于电器设备，要经常检查零部件、线路接头处的连接和绝缘等，电气性能必须符合安全规定。使用移动电器设备必须按照规定选择与设备容量匹配的插座。

（6）对于容易产生油垢或积油的地方，必须经常清洁，避免着火。

2. 厨房消防设备

厨房消防设备主要由消防给水系统和化学灭火设备组成。

（1）消防给水系统。消防给水系统包括自动喷淋灭火系统和消防栓给水系统。

自动喷淋灭火系统由安装在天花板上的喷头、供水管路与供水设备、自动监测系统组成。发生火灾时，由自动监测系统控制的天花板上的喷头自动打开，喷水灭火。

消防栓给水系统是将一定压力的水供给消防栓。消防栓装在消防栓箱内，包括消防枪和水龙带。消防栓箱门上安装有玻璃，当发生火灾时，可打碎玻璃，取出消防枪，打开供水阀门进行灭火。

（2）化学灭火设备。厨房常用的化学灭火设备有干粉灭火器、二氧化碳灭火器和卤代烷灭火器等。

干粉灭火器中的干粉灭火剂是由以碳酸氢钠为主要成分的干粉与碱性钠盐干粉组成的，它是一种干燥的、易于流动的、微小颗粒状的粉末。其特点是无毒性、不导电、灭火效果好、储存期长。使用时人要在上风处，将灭火器喷口对准着火处，拔去保险销，按下手柄或提起拉环，干粉灭火剂即可喷出灭火。

二氧化碳是一种不燃烧、不助燃、较稳定的气体，在常温下以液体状态储存于钢瓶内。使用时，将二氧化碳灭火器的喷口对准着火点，拔去保险销，压下手柄或打开

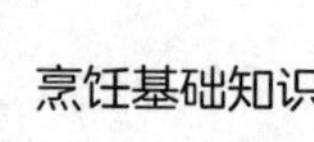

阀门即可喷出灭火。

卤代烷是由氟、氯、溴、碘等卤素原子代替全部或部分烷烃分子中的氢原子后形成的有机化合物的总称，常用的卤代烷灭火器品种有1211、2402等。它们的共同特点是毒性低、不导电、灭火效力高、灭火后不留残迹、储存期长。使用方法与前两种相同。

3. 烧伤与烫伤的现场救治

烧伤与烫伤都是热源导致的损伤。热源的温度超过45 ℃即能造成烧伤与烫伤，属于厨房工作中常见损伤。

烧伤、烫伤的程度和范围与热源温度、接触时间和接触身体部位密切相关。较大面积的烧伤、烫伤容易引起休克、败血症等，危及生命，因此必须引起重视。

现场救治要点如下。

（1）迅速摆脱热源，远离热源现场。

（2）液体烫伤要立刻脱下浸湿的衣物，用干净冷水冲洗患处10分钟以上。

（3）身上衣物着火要马上脱下或用冷水、灭火器扑灭，亦可就地卧倒翻身滚动、跳入冷水中使火焰熄灭。不能用手扑打，更不能奔跑。

（4）皮肤无破损的局限点片状烧伤和烫伤，可搽涂獾油、清凉油或烧伤药膏等；皮肤破损的创面要保持清洁，一般不涂搽药物；面颈部烧伤，不宜包扎，以防水肿时影响呼吸，导致窒息。

（5）简单救治后，必须立即送医院处理。

三、压力容器的安全使用

在厨房中越来越多地使用各种压力容器，如压力锅等。由于在使用中容器内外存在压力差，若操作不当或设备存在缺陷，很容易造成重大事故。因此国家对压力容器有严格的限制，在压力容器的设计、制造、安装、使用、检验、修理和改造中，必须执行国家的有关规范和标准，操作者必须严格执行操作说明书的规定。操作者必须经过培训才能操作较复杂的设备。使用压力容器的要求如下。

（1）使用压力容器前，必须检查产品合格证等技术文件。

（2）制定安全操作规程，或严格按使用说明书操作。

（3）压力容器的安全保护装置必须完整齐备、灵敏有效，保护装置动作整定值必须正确。

（4）必须请有资质的部门对压力容器进行修理和例行检验。

（5）容器内部有压力时，禁止强行拆卸修理。

第四节　烹饪器具与机械安全使用知识

一、烹饪器具安全使用知识

1. 各种材料的烹调器具安全使用知识

用于制造烹饪器具的材料，必须符合安全、卫生的要求，并具备良好的烹调特性。

（1）金属器具。钢铁是厨房中应用最为广泛的材料。其中铸铁脆性大，因此对于铸铁器具要防止摔砸跌落，以免损坏器具发生危险；普通碳素钢容易锈蚀，长期不用时要注意防锈；不锈钢是现代厨房中应用越来越多的钢材，在卫生要求高的地方，要优先采用。用于制造烹饪器具的铝材有严格的规定，其中铅、镉等有害成分均不得超过有关标准。铝材一般是安全无毒的，但由于其质地较软，且人体也不宜过量摄入，因此在大力、频繁摩擦的加工制作中，宜用钢铁器具代替铝材器具。另外，各种铜制烹饪器具在厨房中仍有使用，在使用中要特别注意防锈的问题。

（2）陶瓷、玻璃与搪瓷器具。用陶瓷（或玻璃）制成的烹饪器具是卫生和无毒的。但在一定条件下陶瓷（或玻璃）制品会析出铅、镉等成分，影响人体的健康。国际上很多国家制定了相应卫生法规，对陶瓷（或玻璃）表面与食品直接接触的釉面所析出的铅和镉做了限量规定。使用陶瓷（或玻璃）制成的烹饪器具时要注意其易破碎的特性，操作时必须考虑温度、操作手法等因素，以保证操作者的安全。

搪瓷釉质亦含铅、镉、砷等成分，我国规定厨房用搪瓷器具不能使用含铅、镉的釉。

（3）塑料器具。烹饪器具广泛应用的塑料有聚乙烯、聚丙烯、聚氯乙烯、聚苯乙烯等热塑性塑料和密胺树脂等热固性塑料。对烹饪器具用塑料的基本要求是满足安全卫生和化学稳定性的要求。塑料的毒性主要包括两类：一是在一定条件下可能游离出来的单体，例如氯乙烯等；二是为了改善塑料性能而置入的添加剂，例如抗氧化剂、增塑剂等。

2. 常见烹饪器具安全使用知识

（1）刀具的安全使用知识。各种刀具是厨房最常见的传统手动工具，也是最容易引发事故的工具。使用中要注意以下事项。

1）必须根据加工对象正确选择刀具，例如，加工坚硬的骨头，应使用专用的砍刀；切酥皮类的糕点，则应用有锯齿形锋利刃口的点心刀等。

2）使用刀具时，操作者必须全神贯注，不得分散注意力去做其他的事。

3）刀具应放置在规定且明显的地方，不能放在案板下或水中，以免发生割伤事故；在桌面上放置时，刀柄不能露在桌面之外，避免被碰落伤人。

4）持刀具行走时，必须将刀具放在护套中或用围裙等包裹，不能挥舞。严禁持刀具嬉笑打闹。

5）选择刀具要考虑其重量和几何形状，要尽量与操作者相匹配，以减少劳动损伤。

6）刀伤的现场救治。厨刀等尖利工具的损伤是最常见的工伤事故。现场处理的要点是：立即止血；及时清理创面并消毒；小伤口可用创可贴包扎，伤口较大或伤口污染时，必须送医院进一步治疗。

（2）锅的安全使用知识。锅是厨房进行热加工的主要器具，它的品种较多，在操作中必须注意的事项如下。

1）必须根据加工对象和工艺特点选择合适的锅。

2）使用前要检查锅柄等是否牢固可靠，避免操作时发生意外。

3）对于易生锈的锅，除锈后方能使用。

4）锅内装物不可过满，以免加热时或搬运时物料外溢，发生危险。

5）使用易碎的砂锅时，必须轻拿轻放，避免冷热剧烈变化的操作。

6）不粘锅是一种在金属锅表面涂敷氟树脂等不粘材料的新型锅，可在 260 ℃以下长期使用，高温时会产生白色升华物和氟化物，污染食物。在操作时不能用金属铲，也不能用坚硬物刷洗有不粘材料的地方。

7）使用压力锅之前，除了检查密封胶圈的密封性以外，必须对安全保险装置（安全阀或安全膜片等）进行仔细检查，确认无误后才能使用；必须使用匹配的限压阀，禁止乱用限压阀和在限压阀上加重物的违章操作；锅内物料不能超过加装量的规定；禁止在锅内有压力的情况下强行打开锅。另外，压力锅不能超过其规定的使用年限。

二、机械、电气设备安全使用知识

现代烹饪大量使用机械、电气设备，因此，从业者必须掌握各种典型机械、电气设备的基本原理、安装要求、操作注意事项、保养要点和一般故障判断等安全使用知识，才能胜任工作。

1. 肉类加工设备安全使用知识

常用的肉类加工设备有绞肉机、肉类切片机和锯骨机等，在使用中要注意如下事项。

（1）操作此类设备的人员必须经过培训，掌握安全操作方法等基本知识。

（2）肉类加工设备的机械传动部分较多，一般要安置在容易操作且安全的地方。所有传动部位必须加装防护罩等装置，确保人身安全。

（3）必须严格按照设备的加工要求操作，以免损坏设备。例如，使用绞肉机加工肉馅时，必须将骨头剔除干净，否则可能损坏绞肉机。此外，要注意设备的加工处理能力，不能超负荷运行。

（4）使用设备之前，要按照要求选择附件、调整刀具距离等。

（5）向设备里送料时，必须按操作规程使用专用工具，禁止用手直接送料。

（6）发现设备异常必须马上停机，切断电源，查明原因并修复后才能重新启动。较大的故障必须请专业修理人员处理，其他人员不得擅自拆卸修理。

（7）设备使用完毕，必须切断电源，将设备有关部位打开或分解，清洗消毒，必要时做防锈处理。

2. 面点加工设备安全使用知识

常用的面点加工设备有和面机、搅拌机、粉碎机、辊压机和各种成型机等。在使用中要注意如下事项。

（1）操作此类设备的人员必须经过培训，掌握安全操作方法等基本知识。

（2）使用前应对设备的电气和机械部分进行检查，确认无误后才能进行操作。

（3）要按照加工对象的特点选择与工艺相适应的附件，例如，针对面团的性质选择和面的搅拌器。

（4）按照设备规定要求投料，不能超负荷运行。例如，使用搅拌机时，要避免将大块、强度高的原材料直接投入搅拌，以免造成设备损坏。

（5）在设备运转时，禁止将手伸入料斗处理物料。

（6）发现设备异常必须马上停机，切断电源，查明原因修复后才能重新启动。较大的故障必须请专业修理人员处理，其他人员不得擅动。

（7）设备使用完毕，必须切断电源，及时清理料斗中的残留物，清洗消毒，必要时做防锈处理。

3. 电热设备安全使用知识

常用的电热设备有电烤箱、电饭锅和微波炉等。

（1）电烤箱的安全使用知识。电烤箱由电热元件、箱体和自动控制装置等组成，具有热加工设备和电气设备的特性。使用时需注意下列事项。

1）电烤箱要安装在通风、干燥、防火、便于操作的地方，必须有足够的电量供应和可靠的漏电保护措施。

2）使用电烤箱的人员要经过培训，会设定所需温度、加热类型和调整热加工时间。

3）用电烤箱进行加工时，必须有人值守，使用完毕要切断总电源。

4）清洁电烤箱时，要切断电源，等到箱体冷却后方可进行。若有水时，一定要干燥后再通电，以免造成短路事故。

5）出现故障后，要请专业修理人员维修。

（2）电饭锅的安全使用知识。电饭锅是自动控制的，因此它的使用有其特殊性，一般应注意以下事项。

1）电饭锅属于家用电器产品，为了保证安全，必须有可靠的接地保护。在操作时不能用湿手，要放在远离火源的地方使用。

2）锅底与电热盘之间要保持干燥、洁净，不能存在异物，否则会损坏电热元件。

3）内锅若为铝制，则不能盛放酸碱类食品，以免产生腐蚀。内锅一般是配套专用品，不宜他用。

4）电饭锅禁止空烧。

5）电饭锅出现问题要请专业人员检修。

（3）微波炉的安全使用知识。微波炉是利用被加热物体吸收微波能量并将其转化为热能的原理加热食品的热加工设备。这种设备主要由微波发生器（磁控管）、波导管、箱体和自动控制装置等组成。由于微波辐射对人体有伤害，微波炉要有可靠的防护与密封装置。操作微波炉要注意以下事项。

1）各种微波炉的使用方法不尽相同，操作者使用前必须认真阅读使用说明书，掌握具体的安全操作方法。

2）微波炉要放置在干燥、通风、不易燃的地方；不能靠近磁性材料，以防止干扰。

3）微波炉不能空载运行，以防止微波发生器损坏。不能使用金属容器作为加工工具，若微波炉附有金属制温度传感器探头，则要把探头插入被加工原料的中心。

4）要注意保持炉门的密封性，防止泄漏。操作时，不能将眼睛贴近微波炉观察，避免微波伤害。

5）加热密封的食品，必须将其打开，以免炸裂，损坏设备。

6）加工完毕，应对微波炉进行一般的清洁工作，但不能随便动微波发生器等重要零部件。

7）微波炉发生故障时，必须请专业维修人员修理。

4. 燃气设备安全使用知识

常用的燃气设备有燃气灶、燃气烤箱等，在使用中要注意以下事项。

（1）燃气设备必须符合国家的有关规范和标准。

（2）各种燃气的压力、相对密度和燃烧速度等差异很大，所以燃气设备必须与燃气类型相匹配。

（3）液化石油气气瓶必须放置在没有明火的专用房间，房间内要通风干燥，必须使用防爆电器。液化石油气气瓶要直立放置。

（4）燃气源与设备之间应用钢管连接，若用软管连接则不能长于两米，禁止穿越墙壁，并且要经常检查，以免管道老化漏气。

（5）燃气设备要安置在不易燃烧的物体上，便于操作、清洁和维修。

（6）在使用燃气设备时，要正确调节调风板，使火焰呈淡蓝色。

（7）人工点火时要火等气；自动点火时一般将开关旋钮向里按下，可听到击发的响声，然后旋转旋钮即可点火，并可调节火焰大小。若数次点火不成功，则要检查点火装置。停火后必须及时关闭总开关，确认无误后才能离开。

（8）要经常清洁燃气设备，对燃烧器、自动点火装置以及保护装置必须经常保养，以保证其性能良好。

（9）对燃气设备检查泄漏时，只能使用肥皂水，绝对禁止使用明火试验。

（10）不得随便拆卸燃气设备上的零部件。维修燃气设备必须请具备维修资质的专业人员。

5. 清洁消毒设备安全使用知识

常用的清洁消毒设备有电子消毒柜、洗碗机等，在使用中要注意以下事项。

（1）清洁消毒设备要安装在适宜操作、供电和供（排）水方便的地方。

（2）使用电子消毒柜要注意用电安全，并注意温度或臭氧自动控制系统的完好有效。

（3）使用洗碗机要注意洗涤剂的选用与投放量，经常保养喷水嘴和过滤器，特别要注意防止漏电事故发生。

三、制冷与通风、空调设备安全使用知识

制冷与通风、空调设备属于专业性非常强的设备，一般厨房工作人员主要掌握基本的安全操作知识和日常简单管理知识即可。在安全操作知识方面，应当掌握各种设备的启动、停止、调节操作和简单的故障判断等内容。日常管理工作包括定时检查并记录设备运转状态，自动控制型的设备要有“当心！自动运转”的警示标记，发现问题要及时请专业人员检修。

1. 冷藏柜安全使用知识

冷藏柜（包括陈列柜、小型装配式冷藏库等）是用于冷却、冷冻和储藏食品的制冷设备。目前使用的冷藏柜大多数采用风冷的冷凝方式和以氟利昂为制冷剂的自动控

制系统，使用时要注意下列事项。

（1）冷藏柜要放置在通风、远离热源且不受阳光直射的地方。

（2）在投入运行前，必须由专业人员调试，整定各种自动控制和安全保护装置的数值，其他人员禁止随便调动。

（3）必须按规定整齐放置储藏的食品，定时清理。操作时要注意保护制冷管路、零部件和电气系统。

（4）保持冷藏柜外部的清洁，并定期进行内部清洁与消毒。

（5）经常清理冷凝器的油泥等污物，保证良好的散热条件。

（6）定人定时巡视运转状态，并做好巡视记录。

（7）发现冷藏柜运转不正常，应先断电，然后及时报修。

2. 冰激凌机和小型制冰机安全使用知识

冰激凌机和小型制冰机都是小型专用设备。冰激凌机主要由制冷设备、搅拌设备等组成。小型制冰机主要由制冷设备、喷水设备和融冰、储冰设备等组成。使用中要注意下列事项。

（1）此类设备必须安置在卫生部门认可的指定位置，最重要的是保持清洁卫生。

（2）设备要有电气保护和可靠接地等安全措施。

（3）保持外部的清洁。使用前必须按照食品卫生要求进行内部清洁与严格消毒。

（4）操作中既要满足成品的形态要求，又要注意设备的能力，例如冰激凌的硬度对机器的影响等。

（5）发现运转不正常，应先断电，然后及时报修。

3. 通风与空调设备安全使用知识

现代厨房的通风设备主要是简单强制排风系统和抽油烟机，空调设备是指可以对空气进行温度、湿度、洁净度和气流组织等处理的专门设备。在使用中要注意以下事项。

（1）安装合格的通风与空调设备必须做到，运转平稳振动小，噪声在规定的范围，转动的机械设备有完善的防护，电气设备有可靠的接地，整个系统具备自动保护功能。

（2）保持设备外部清洁，定期清洁设备内部的过滤器、换热器、集油器等。

（3）运转中要注意各种风口，不能有堵塞等异常现象。

（4）空调设备属于较复杂的设备，需定人定时巡视运转状态，并做好巡视记录。

（5）发现设备运转不正常，应先断电，然后及时报修。